作者简介

张发军,男,湖北江陵人,工学博士,教授,硕士生导师,现任教于三峡大学机械与材料学院,美国电气电子工程师学会IEEE会员,湖北省自动化学会会员。主要从事机电控制和车辆工程领域的教学与研究工作,先后主持与参与省市科学研究项目5项,并获湖北省科技进步奖1项;已研发并投入工程应用的机电产品有车载智能喷雾机、数控玻璃雕刻机和精确喷雾施药机等设备。近年来先后公开发表学术论文60余篇。

高等学校机械设计制造及其自动化国家特色专业规划教材

机电一体化系统设计

JIDIAN YITIHUA XITONG SHEJI

张发军 编

中国·武汉

内容简介

本书是为了适应高校机械类各专业及其他相近专业的"机电一体化系统设计"教学要求而编写。编者在叙述上力求全面体现本课程的机与电主题内容,在内容安排上既注意了基础理论、基本概念的系统性阐述,同时也考虑了工程设计人员的实际需要,在介绍各种设计方法时尽可能具体实用。本书共分为七章,主要内容包括:机电一体化技术导论,机电一体化机械系统设计理论,可编程控制器设计,单片机 AT89C(S)5X 系统技术,机电一体化系统的传感与检测,机电一体化系统的伺服与控制,机电一体化系统设计应用实例。

本书图文并茂、深浅适宜,不仅可作为大学本专科相关专业的专业课教材,也可供从事机电一体化系统设计与制造的工程技术人员参考。

本书配有作者制作的教学课件,需要的任课教师可与编辑联系(Tel:027-87548431,Email:xuzhengda@163.com)。

图书在版编目(CIP)数据

机电一体化系统设计/张发军编. —武汉:华中科技大学出版社,2013.9
ISBN 978-7-5609-9027-9

Ⅰ.①机… Ⅱ.①张… Ⅲ.①机电一体化-系统设计-高等学校-教材 Ⅳ.①TH-39

中国版本图书馆 CIP 数据核字(2013)第 114030 号

机电一体化系统设计 张发军 编

策划编辑:徐正达	
责任编辑:周忠强	
封面设计:潘 群	
责任校对:朱 霞	
责任监印:徐 露	

出版发行:华中科技大学出版社(中国·武汉) 电话:(027)81321913
         武汉市东湖新技术开发区华工科技园   邮编:430223
录 排:华中科技大学惠友文印中心
印 刷:北京虎彩文化传播有限公司
开 本:710mm×1000mm 1/16
印 张:10 插页:2
字 数:207 千字
版 次:2019 年 2 月第 1 版第 5 次印刷
定 价:26.80 元

本书若有印装质量问题,请向出版社营销中心调换
全国免费服务热线:400-6679-118 竭诚为您服务
版权所有 侵权必究

序 言

当前,我国机械专业人才培养面临社会需求旺盛的良好机遇和办学质量亟待提高的重大挑战。抓住机遇,迎接挑战,不断提高办学水平,形成鲜明的办学特色,获得社会认同,这是我们义不容辞的责任。

三峡大学机械设计制造及其自动化专业作为国家特色专业建设点,以培养高素质、强能力、应用型的高级工程技术人才为目标,经过长期建设和探索,已形成了具有水电特色、服务行业和地方经济的办学模式。在前期课程体系和教学内容改革的基础上,推进教材建设,编写出一套适合于该专业的系列特色教材,是非常及时的,也是完全必要的。

系列教材注重教学内容的科学性与工程性结合,在选材上融入了大量工程应用实例,充分体现与专业相关产业和领域的新发展和新技术,促进高等学校人才培养工作与社会需求的紧密联系。系列教材形成的主要特点,可用"三性"来表达。一是"特殊性",这个"特殊性"与其他系列教材的不同在于其突出了水电行业特色,其不仅涉及测试技术、控制工程、制造技术基础、机械创新设计等通用基础课程教材,还结合水电行业需求设置了起重机械、金属结构设计、专业英语等专业特色课程教材,为面向行业经济和地方经济培养人才奠定了基础。二是"科学性",体现在两个方面:其一体现在课程体系层次,适应削减课内学时的教学改革要求,简化推导精练内容;其二体现在学科内容层次,重视学术研究向教育教学的转化,教材的应用部分多选自近十年来的科研成果。三是"工程性",凸显工程人才培养的功能,一些课程结合专业增加了实验、实践内容,以强化学生实践动手能力的培养;还根据现代工程技术发展现状,突出了计算机和信息技术与本专业的结合。

我相信,通过该系列教材的教学实践,可使本专业的学生较为充分地掌握专业基础理论和专业知识,掌握机械工程领域的新技术并了解其发展趋势,在工程应用和计算机应用能力培养方面形成优势,有利于培养学生的综合素质和创新能力。

当然，任何事情不能一蹴而就。该系列教材也有待于在教学实践中不断锤炼和修改。良好的开端等于成功的一半。我祝愿在作者与读者的共同努力下，该系列教材在特色专业建设工程中能体现专业教学改革的进展，从而得到不断的完善和提高，对机械专业人才培养质量的提高起到积极的促进作用。

谨此为序。

教育部高等学校机械学科教学指导委员会委员、
机械基础教学指导分委员会副主任
全国工程认证专家委员会机械类专业认证分委员会副秘书长
第二届国家级教学名师奖获得者
华中科技大学机械学院教授，博士生导师

2011-7-21

前　言

当前,一个机械工程技术人员若仅有机械学方面的知识,将越来越难以胜任本职工作,技术的发展要求机械工程技术人员必须不断地了解和掌握足够的机电一体化方面的综合知识。因此,培养和培训尽可能多的机电一体化技术人员,以满足日益增长的经济发展需求,将是今后长期和大量的工作。适时推出侧重应用的、综合全面的机电一体化技术基础理论和实例的科技书,以满足目前社会发展需求,可以说是当务之急,本书编写的目的就在于此。

机电一体化系统的优势在于从系统、整体的角度出发,将各相关技术协调综合运用而取得整体优化效果,因此,在机电一体化系统设计开发的过程中,特别强调技术融合和学科交叉的作用。面对机械工业向机电一体化方向的快速发展,作为培养这方面高级技术人才的高等院校,就不仅限于向学生分散地介绍机械技术、微电子技术、计算机技术等机电一体化共性基础知识,还应在此基础上,从系统设计的角度出发,通过"机电一体化系统设计"专业课教学及相应实践教学环节,使学生真正了解和掌握机电一体化的实质及其系统设计的理论和方法。

在编写本书的过程中,硕士研究生刘中、周长、雷祎、朱鑫、熊晓晨等协助编者做了大量的工作,在此深表感谢。

由于编者水平和经验有限,加之时间仓促,书中定有错误之处,敬请读者批评指正。

张发军

2012 年 6 月于三峡大学

目 录

第1章 机电一体化技术导论 (1)
1.1 概述 (1)
1.2 机电一体化系统的基本组成 (3)
1.2.1 机电一体化系统的功能组成 (3)
1.2.2 机电一体化系统的构成要素 (5)
1.3 机电一体化系统的分类 (7)
1.4 机电一体化的作用与应用 (8)
1.4.1 生产能力和工作质量提高 (8)
1.4.2 使用安全性和可靠性提高 (8)
1.4.3 调整和维护方便，使用性能改善 (8)
1.4.4 具有复合功能，适用面广 (8)
1.4.5 改善劳动条件，有利于自动化生产 (9)
1.4.6 节约能源，减少耗材 (9)
1.5 机电一体化的理论基础与关键技术 (10)
1.5.1 理论基础 (10)
1.5.2 关键技术 (10)
1.6 机电一体化的发展前景 (13)
1.6.1 机电一体化的发展状况 (13)
1.6.2 机电一体化的发展趋势 (13)
思考题 (14)

第2章 机电一体化机械系统设计理论 (16)
2.1 机械系统设计概述 (16)
2.1.1 机电一体化对机械系统的基本要求 (16)
2.1.2 机械系统的组成 (17)
2.1.3 机械系统的设计思想 (17)
2.2 机械传动设计的原则 (18)
2.2.1 机电一体化系统对机械传动的要求 (18)
2.2.2 总传动比的确定 (18)
2.2.3 传动链的级数和各级传动比的分配 (19)

2.3 机械系统性能分析 ………………………………………………………… (24)
 2.3.1 数学模型的建立 …………………………………………………… (24)
 2.3.2 机械性能参数对系统性能的影响 ………………………………… (29)
 2.3.3 传动间隙对系统性能的影响 ……………………………………… (32)
2.4 机械系统的运动控制 ……………………………………………………… (33)
 2.4.1 机械传动系统的动力学原理 ……………………………………… (33)
 2.4.2 机械系统的制动控制 ……………………………………………… (34)
 2.4.3 机械系统的加速控制 ……………………………………………… (37)
思考题 …………………………………………………………………………… (39)

第3章 可编程控制器设计 ……………………………………………………… (40)

3.1 PLC 的硬件结构及基本配置 ……………………………………………… (40)
 3.1.1 CPU 的构成 ………………………………………………………… (41)
 3.1.2 I/O 模块 …………………………………………………………… (41)
 3.1.3 电源模块 …………………………………………………………… (41)
 3.1.4 底板或机架 ………………………………………………………… (42)
 3.1.5 PLC 的外部设备 …………………………………………………… (42)
 3.1.6 PLC 的通信联网 …………………………………………………… (42)
3.2 PLC 的软件组成 …………………………………………………………… (42)
3.3 PLC 的工作原理 …………………………………………………………… (47)
 3.3.1 输入采样阶段 ……………………………………………………… (48)
 3.3.2 程序执行阶段 ……………………………………………………… (49)
 3.3.3 输出刷新阶段 ……………………………………………………… (49)
 3.3.4 PLC 在输入/输出的处理方面必须遵循的原则 ………………… (49)
3.4 PLC 的编程语言 …………………………………………………………… (49)
 3.4.1 梯形图编程 ………………………………………………………… (49)
 3.4.2 功能图编程 ………………………………………………………… (50)
 3.4.3 布尔逻辑编程 ……………………………………………………… (51)
3.5 PLC 控制与微型计算机控制、继电器控制的区别 ……………………… (51)
 3.5.1 PLC 控制与微机控制的区别 ……………………………………… (51)
 3.5.2 PLC 控制与继电器控制的区别 …………………………………… (52)
3.6 PLC 的型号说明 …………………………………………………………… (52)
3.7 PLC 的仿真软件说明 ……………………………………………………… (53)
 3.7.1 几种 PLC 仿真软件 ………………………………………………… (53)
 3.7.2 WinCC 简介 ………………………………………………………… (54)

3.7.3　WinCC Flexible ……………………………………………………(55)
　　　3.7.4　S系列西门子PLC …………………………………………………(55)
　思考题 ………………………………………………………………………………(58)
第4章　单片机 AT89C(S)5X 系统技术 ………………………………………(59)
　4.1　AT89C51 单片机的结构 ……………………………………………………(59)
　　　4.1.1　中央处理器 …………………………………………………………(59)
　　　4.1.2　存储器 ………………………………………………………………(61)
　　　4.1.3　I/O 端口 ……………………………………………………………(62)
　　　4.1.4　定时器/计数器 ………………………………………………………(62)
　　　4.1.5　中断系统 ……………………………………………………………(62)
　　　4.1.6　内部总线 ……………………………………………………………(63)
　4.2　AT89C51 单片机引脚及其功能 ……………………………………………(63)
　　　4.2.1　I/O 端口功能 ………………………………………………………(63)
　　　4.2.2　电源线 ………………………………………………………………(66)
　　　4.2.3　外接晶体引脚 ………………………………………………………(66)
　　　4.2.4　控制线 ………………………………………………………………(67)
　4.3　AT89C51 存储器 ……………………………………………………………(67)
　　　4.3.1　程序存储器 …………………………………………………………(67)
　　　4.3.2　数据存储器 …………………………………………………………(67)
　4.4　AT89C51 单片机工作方式 …………………………………………………(70)
　　　4.4.1　复位方式 ……………………………………………………………(70)
　　　4.4.2　程序执行方式 ………………………………………………………(70)
　　　4.4.3　省电方式 ……………………………………………………………(71)
　　　4.4.4　EPROM 编程和校验方式 …………………………………………(71)
　4.5　AT89C51 时钟电路与时序 …………………………………………………(73)
　　　4.5.1　振荡器与时钟电路 …………………………………………………(73)
　　　4.5.2　时序 …………………………………………………………………(74)
　思考题 ………………………………………………………………………………(75)
第5章　机电一体化系统的传感与检测 ………………………………………(76)
　5.1　检测系统的功用与特性 ……………………………………………………(76)
　　　5.1.1　检测系统的基本功能 ………………………………………………(76)
　　　5.1.2　检测系统的基本特性 ………………………………………………(76)
　5.2　常用传感器 …………………………………………………………………(78)
　　　5.2.1　线位移传感器 ………………………………………………………(79)

- 5.2.2 角位移传感器及转速传感器 …………………………… (81)
- 5.2.3 加速度与速度传感器 …………………………… (83)
- 5.2.4 力传感器 …………………………… (85)
- 5.2.5 接近传感器与距离传感器 …………………………… (85)
- 5.2.6 温度、流量传感器 …………………………… (87)
- 5.3 检测系统组成及检测原理 …………………………… (89)
  - 5.3.1 模拟量检测系统的组成及工作原理 …………………………… (89)
  - 5.3.2 数字信号检测系统(脉冲信号的检测系统) …………………………… (94)
  - 5.3.3 通用数据采集卡 …………………………… (95)
- 5.4 数字信号的预处理 …………………………… (99)
  - 5.4.1 传感器的非线性补偿 …………………………… (100)
  - 5.4.2 零位误差和增益误差的补偿 …………………………… (101)
- 思考题 …………………………… (102)

第6章 机电一体化系统的伺服与控制 …………………………… (103)

- 6.1 伺服系统的基本结构形式及特点 …………………………… (103)
  - 6.1.1 伺服系统的基本概念 …………………………… (103)
  - 6.1.2 伺服系统的基本要求 …………………………… (103)
  - 6.1.3 伺服系统的基本结构形式 …………………………… (105)
  - 6.1.4 (广义)伺服系统的分类 …………………………… (106)
- 6.2 伺服系统的执行元件 …………………………… (106)
  - 6.2.1 执行元件的种类及特点 …………………………… (106)
  - 6.2.2 直流伺服电动机 …………………………… (107)
  - 6.2.3 交流伺服电动机 …………………………… (110)
  - 6.2.4 步进电动机 …………………………… (111)
  - 6.2.5 其他种类执行元件 …………………………… (113)
- 6.3 执行元件的控制与驱动 …………………………… (114)
  - 6.3.1 步进电动机的控制与驱动 …………………………… (114)
  - 6.3.2 直流伺服电动机的控制与驱动 …………………………… (116)
- 6.4 伺服系统设计 …………………………… (118)
  - 6.4.1 伺服系统设计方案 …………………………… (118)
  - 6.4.2 机械系统设计计算 …………………………… (121)
  - 6.4.3 系统误差分析 …………………………… (124)
- 思考题 …………………………… (126)

第7章 机电一体化系统设计应用实例 …………………………… (127)

- 7.1 机电一体化系统设计要点 …………………………………………………… (127)
  - 7.1.1 基本开发思路 ………………………………………………………… (127)
  - 7.1.2 用户要求 ……………………………………………………………… (128)
  - 7.1.3 功能要素和功能模块 ………………………………………………… (129)
  - 7.1.4 接口设计要点 ………………………………………………………… (129)
  - 7.1.5 系统整体方案拟定和评价 …………………………………………… (130)
  - 7.1.6 制作与调试 …………………………………………………………… (131)
- 7.2 电动机变频控制应用技术 ………………………………………………… (131)
  - 7.2.1 常用分类 ……………………………………………………………… (131)
  - 7.2.2 工作原理 ……………………………………………………………… (131)
  - 7.2.3 调节方法 ……………………………………………………………… (134)
- 7.3 视觉传感式变量施药机器人 ……………………………………………… (135)
  - 7.3.1 系统的组成 …………………………………………………………… (135)
  - 7.3.2 工作原理 ……………………………………………………………… (136)
  - 7.3.3 设计模块 ……………………………………………………………… (137)
- 7.4 步进电动机单片机控制 …………………………………………………… (137)
  - 7.4.1 步进电动机的工作原理 ……………………………………………… (138)
  - 7.4.2 基于 AT89C2051 步进电动机驱动器系统电路原理 ……………… (139)
  - 7.4.3 软件设计 ……………………………………………………………… (140)
- 7.5 基于单片机的流水灯控制 ………………………………………………… (143)
  - 7.5.1 基本功能 ……………………………………………………………… (143)
  - 7.5.2 硬件设计 ……………………………………………………………… (143)
  - 7.5.3 硬件最小系统 ………………………………………………………… (143)
  - 7.5.4 软件设计 ……………………………………………………………… (146)
- 7.6 空气压缩机变频控制系统 ………………………………………………… (148)
  - 7.6.1 技术要求 ……………………………………………………………… (148)
  - 7.6.2 变频控制系统方案设计 ……………………………………………… (148)
  - 7.6.3 系统电路图及控制方式 ……………………………………………… (148)
  - 7.6.4 系统设备配置清单 …………………………………………………… (150)
  - 7.6.5 控制系统数据采集功能 ……………………………………………… (150)
  - 7.6.6 控制系统的监控和保护功能 ………………………………………… (151)
- 思考题 ……………………………………………………………………………… (151)
- **参考文献** ………………………………………………………………………… (152)

第1章 机电一体化技术导论

【本章导读】 机电一体化作为一门综合性学科,涉及的知识领域非常广泛。本章首先介绍机电一体化的概念、发展过程及其与机械电气化的根本区别,进而阐释其内涵和本质,并通过典型实例归纳出其优越性。其次,通过机电一体化系统与人体各部位的对比,剖析系统的构成,从而指出分析机电一体化系统的基本途径。再次,重点介绍机电一体化的理论基础与关键技术,明确系统论、信息论、控制论是机电一体化技术的理论基础和方法论;提出发展机电一体化技术共同面临的关键技术,并分析它们在系统中所起的作用及其发展对机电一体化技术的影响等。最后,通过回顾机电一体化技术的发展历程,展望机电一体化技术的主要发展方向和趋势。

1.1 概述

机电一体化又称机械电子学,英文称为 Mechatronics,它是由英文机械学 Mechanics 的前半部分与电子学 Electronics 的后半部分组合而成。机电一体化最早出现在 1971 年日本《机械设计》杂志的副刊上,随着机电一体化技术的快速发展,机电一体化的概念被人们广泛接受和普遍使用。1996 年出版的《WEBSTER 大词典》收录了这个日本造的英文单词,这不仅意味着"Mechatronics"这个单词得到了世界各国学术界和企业界的认可,而且还意味着"机电一体化"的哲理和思想已为世人所接受。

那么,什么是机电一体化呢?

到目前为止,对于机电一体化这一概念的内涵,国内外学术界还没有一个完全统一的表述。较普遍的提法是日本机械振兴协会经济研究所于 1981 年的解释:"机电一体化是在机械主功能、动力功能、信息功能和控制功能上引进微电子技术,并将机械装置与电子装置用相关软件有机结合而构成系统的总称。"机电一体化是以机械学、电子学和信息学为主的多门技术学科在机电产品发展过程中相互交叉、相互渗透而形成的一门新兴边缘性技术学科。这里面包含了以下三重含义。首先,机电一体化是机械学、电子学与信息学等学科相互融合而形成的学科。图 1-1 形象地表达了机电一体化与机械学、电子学和信息学之间的相互关系。其次,机电一体化是一个发展中的概念,早期的机电一体化就像其字面所表述的那样,主要强调机械与电子的结合,即将电子技术"融入"机械技术中而形成新的技术与产品。随着机电一体化技术的发展,以计算机技术、通信技术和控制技术为特征的信息技术(即所谓的"3C"技术:Computer、Communication 和 Control Technology)"渗透"到机械技术中,丰富了机电一体化的含义,现代的机电一体化不仅仅指机械、电子与信息技术的结合,还包括光(光学)机电一体化、机电气(气压)一体化、机电液(液压)一体化、机电仪(仪器仪表)一体化等。最后,机电一体化表达了技术之间相互结合的学术思想,强调各种技术在机电产品中的相互协调,以达到系统总体最优。

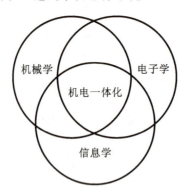

图 1-1 机电一体化与其他学科的关系

因此,机电一体化是多种技术学科有机结合的产物,而不是它们简单的叠加。机电一体化与机械电气化的主要区别有:①电气机械在设计过程中不考虑或少考虑电器与机械的内在联系,基本上是根据机械的要求,选用相应的驱动电动机或电气传动装置;②机械和电气装置之间界限分明,它们之间的连接以机械连接为主,整个装置是刚性的;③电气机械中,装置所需的控制是基于电磁学原理的各种电器来实现的,属强电范畴,其主要支撑技术是电工技术。

机械工程技术由纯机械发展到机械电气化,仍属传统机械,主要功能依然是代替和放大人的体力。但是,机电一体化产品不仅是人的肢体的延伸,还是人的感官与头脑的延伸。具有"智能化"的特征是机电一体化与机械电气化在功能上的本质差别。

从概念的外延来看,机电一体化包括机电一体化技术和机电一体化产品两个方面。机电一体化技术是从系统工程的观点出发,将机械、电子和信息等有关技术有机结合起来,以实现系统或产品整体最优的综合性技术。机电一体化技术主要包括技术原理和使机电一体化产品(或系统)得以实现、使用和发展的技术。机电一体化技术是一个技术群(族)的总称,包括检测传感技术、信息处理技术、伺服驱动技术、自动控制技术、机械技术及系统总体技术等。

机电一体化产品有时也称为机电一体化系统,它们是两个相近的概念,通常机电一体化产品指独立存在的机电结合产品,而机电一体化系统主要是指依附于主产品的部件系统,这样的系统实际上也是机电一体化产品。机电一体化产品是由机械系统(或部件)与电子系统(或部件)及信息处理单元(硬件和软件)有机结合且赋予了新功能和新性能的高科技产品。由于在机械本体中"融入"了电子技术和信息技术,与纯粹的机械产品相比,机电一体化产品的性能得到了根本的提高,具有满足人们使用要求的最佳功能。

现实生活中的机电一体化产品比比皆是。我们日常生活中使用的全自动洗衣机、空调及全自动照相机,都是典型的机电一体化产品;在机械制造领域中广泛使用的各种数控机床、工业机器人、三坐标测量仪及全自动仓储,也是典型的机电一体化产品;而汽车更是机电一体化技术成功应用的典范,汽车上成功应用和正在开发的机电一体化系统达数十种之多,特别是发动机电子控制系统、汽车防抱死制动系统、全主动和半主动悬架等机电一体化系统在汽车上的应用,使得现代汽车的乘坐舒适性、行驶安全性及环保性能都得到了很大的改善;在农业工程领域,机电一体化技术也在一定范围内得到了应用,如拖拉机自动驾驶系统、悬挂式农具的自动调节系统、联合收获机工作部件(如脱粒清选装置)的监控系统、温室环境自动控制系统等。如今,机电一体化已从原来以机械为主的领域拓展到汽车、电站、仪表、化工、通信、冶金等领域。而且机电一体化产品的概念不再局限在某一具体产品的范围,如数控机床、机器人等,现在已扩大到控制系统和被控制系统相结合的产品制造和过程控制的大系统,如柔性制造系统(FMS)、计算机集成制造系统(CIMS)及各种工业过程控制系统等。

1.2 机电一体化系统的基本组成

1.2.1 机电一体化系统的功能组成

传统的机械产品主要是解决物质流和能量流的问题,而机电一体化产品除了解决物质流和能量流问题外,还要解决信息流的问题。如图1-2所示,机电一体化系统的主要功能就是对输入的物质、能量与信息(即所谓工业三大要素)按照要求进行处理,输出具有所需特性的物质、能量与信息。

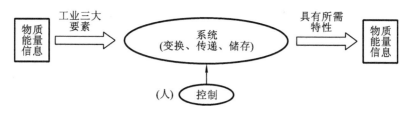

图1-2 机电一体化系统的主功能

机电一体化系统的主功能包括三个目的功能:①变换(加工、处理)功能;②传递(移动、输送)功能;③储存(保持、积蓄、记录)功能。主功能是系统的主要特征部分,是实现系统目的功能直接必需的功能,主要是对物质、能量、信息或其相互结合进行变换、传递和存储。

以物料搬运、加工为主,输入物质(原料、毛坯等)、能量(电能、液能、气能等)和信息(操作及控制指令等),经过加工处理,主要输出改变了位置和形态的物质的系统

(或产品),称为加工机,如各种机床、交通运输机械、食品加工机械、起重机械、纺织机械、印刷机械、轻工机械等。

以能量转换为主,输入能量(或物质)和信息,输出不同能量(或物质)的系统(或产品),称为动力机,其中输出机械能的为原动机,如电动机、水轮机、内燃机等。

以信息处理为主,输入信息和能量,主要输出某种信息(如数据、图像、文字、声音等)的系统(或产品),称为信息机,如各种仪器、仪表、传真机及各种办公机械等。

机电一体化系统除了具备上述必需的主功能外,还应具备图1-3所示的其他内部功能,即动力功能、检测功能、控制功能、构造功能。动力功能是向系统提供动力、让系统得以运转的功能;检测功能和控制功能的作用是解决各种信息的获取、传输、处理和利用,从而能够根据系统内部信息和外部信息对整个系统进行控制,使系统正常运转,实施目的功能。而构造功能则是使构成系统的子系统及元、部件维持所设定的时间和空间上的相互关系所必需的功能。从系统的输入/输出来看,除有主功能的输入/输出之外,还需要有动力输入和控制信息的输入/输出。此外,还有因外部环境引起的干扰输入以及非目的性输出(如废弃物等)。例如汽车的废气和噪声对外部环境影响,从系统设计开始就应予以考虑。

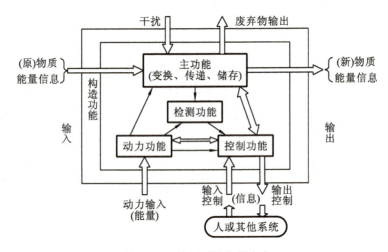

图 1-3 系统的五种内部功能

图1-4所示为CNC机床的功能原理构成实例。由于未指明主功能的加工机构,它代表了具有相同主功能及控制功能的一大类型的机电一体化系统,如金属切削数控机床、电加工数控机床、激光加工数控机床以及冲压加工数控机床等。显然,由于主功能的具体加工机构不同,其他功能的具体装置也会有差别,但其本质是数控加工机床。

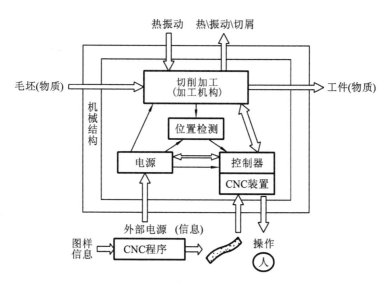

图 1-4　CNC 机床的功能原理构成实例

1.2.2　机电一体化系统的构成要素

从机电一体化系统的功能看,人体是机电一体化系统理想的参照物。如图 1-5(a)所示,构成人体的五大要素分别是头脑、感官(眼、耳、鼻、舌、皮肤)、四肢、内脏及躯干。相应的功能如图 1-5(b)所示,内脏提供人体所需要的能量(动力)及各种激素,维持人体活动;头脑处理各种信息并对其他要素实施控制;感官获取外界信息;四肢执行动作;躯干的功能是把人体各要素有机地联系为一体。通过类比就可发现,机电一体化系统内部的五大功能与人体的上述功能几乎是一样的,而实现各功能的相

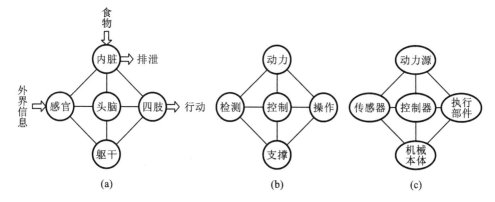

图 1-5　组成人体与机电一体化系统的对应要素及相应功能关系

(a)人体系统;(b)人体系统的功能;(c)机电一体化系统

应构成要素如图 1-5(c)所示。机电一体化系统五大要素实例如图 1-6 所示。

表 1-1 列出了机电一体化系统构成要素与人体构成要素的对应关系。

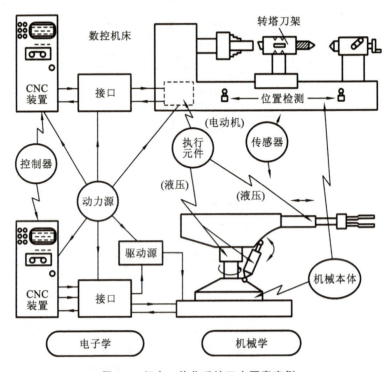

图 1-6　机电一体化系统五大要素实例

表 1-1　机电一体化系统构成要素与人体构成要素的对应关系

机电一体化系统要素	功　　能	人 体 要 素
控制器（计算机等）	控制（信息存储、处理、传送）	头脑
传感器	检测（信息收集与变换）	感官
执行部件	驱动（操作）	四肢
动力源	提供动力（能量）	内脏
机械本体	支撑与连接	躯干

因此，一个较完善的机电一体化系统，应包括以下几个基本要素：机械本体、动力系统、检测传感系统、执行部件、信息处理及控制系统。各要素和环节之间通过接口相联系。

机电一体化系统中机械部分是主体，这不仅是由于机械本体是系统重要的组成部分，而且系统的主要功能必须由机械装置来完成，否则，就不能称其为机电一体化产品。如电子计算机、非指针式电子表等，其主要功能已由电子器件和电路等完成，机械已退居次要地位，这类产品应归属于电子产品，而不是机电一体化产品。因此，机械系统是实现机电一体化产品功能的基础，从而对其提出了更高的要求，需在结构、材料、工艺、加工及几何尺寸等方面满足机电一体化产品高效、可靠、节能、多功能、小型轻量和美观等要求。除一般性的机械强度、刚度、精度、体积和重量等指标外，机械系统技术开发的重点是模块化、标准化和系列化，以便于机械系统的快速组合和更换。

机电一体化的核心是电子技术，电子技术包括微电子技术和电力电子技术，但重点是微电子技术，特别是微型计算机或微处理器。机电一体化需要多种新技术的结合，但首要的是微电子技术，不和微电子结合的机电产品不能称为机电一体化产品。如非数控机床，一般均由电动机驱动，但它不是机电一体化产品。除了微电子技术以外，在机电一体化产品中，可根据需要进行一种或多种技术相结合。

因此，机电一体化是以机械为主体、以微电子技术为核心，强调各种技术的协同和集成的综合性技术。

1.3 机电一体化系统的分类

机电一体化技术和产品的应用范围非常广泛，涉及工业生产过程的所有领域，因此，机电一体化产品的种类很多，而且还在不断地增加。按照机电一体化产品的功能，可以将其分成下述几类。

（1）数控机械类　数控机械类主要产品为数控机床、工业机器人、发动机控制系统和自动洗衣机等。其特点为执行机构是机械装置。

（2）电子设备类　电子设备类主要产品为电火花加工机床、线切割加工机床、超声波缝纫机和激光测量仪等。其特点为执行机构是电子装置。

（3）机电结合类　机电结合类主要产品为自动探伤机、形状识别装置和 CT 扫描仪、自动售货机等。其特点为执行机构是机械和电子装置的有机结合。

（4）电液伺服类　电液伺服类主要产品为机电一体化的伺服装置。其特点为执行机构是液压驱动的机械装置，控制机构是接受电信号的液压伺服阀。

（5）信息控制类　信息控制类主要产品为电报机、磁盘存储器、磁带录像机、录音机及复印机、传真机等办公自动化设备。其主要特点为执行机构的动作完全由所接收的信息来控制。

此外，机电一体化产品还可根据机电技术的结合程度分为功能附加型、功能替代型和机电融合型三类。按产品的服务对象领域和对象，可将机电一体化产品分成工业生产类、运输包装类、储存销售类、社会服务类、家庭日常类、科研仪器类、国防武器类以及其他用途类等不同的种类。

1.4 机电一体化的作用与应用

随着机电一体化技术的快速发展,机电一体化产品有逐步取代传统机电产品的趋势,这完全取决于机电一体化技术所存在的优越性和潜在的应用性。与传统的机电产品相比,机电一体化产品具有高的功能水平和附加价值,它将给开发者、生产者和用户带来社会经济效益。

1.4.1 生产能力和工作质量提高

机电一体化产品大都具有信息自动处理和自动控制功能,其控制和检测的灵敏度、精度以及范围都有很大程度的提高。自动控制系统可精确地保证机械的执行机构按照设计的要求完成预定的动作,使之不受机械操作者主观因素的影响,从而实现最佳操作,保证最佳的工作质量和较高的产品合格率。同时,机电一体化产品实现了工作的自动化,使得生产能力大大提高。例如:数控机床对工件的加工稳定性大大提高,生产效率比普通机床提高5~6倍;柔性制造系统的生产设备利用率可提高1.5~3.5倍,机床数量可减少约50%,节省操作人员数量约50%,缩短生产周期40%,使加工成本降低50%左右。

1.4.2 使用安全性和可靠性提高

机电一体化产品一般都具有自动监视、报警、自动诊断、自动保护等功能。在工作过程中,遇到过载、过压、过流、短路等电力故障时,能自动采取保护措施,避免和减少人身与设备事故,显著提高设备的使用安全性。机电一体化产品采用电子元器件,减少了机械产品中的可动构件和磨损部件,从而使其具有较高的灵敏度和可靠性,产品的故障率低,寿命得到了延长。

1.4.3 调整和维护方便,使用性能改善

机电一体化产品在安装调试时,可通过改变控制程序来实现工作方式的改变,以适应不同用户对象的需要及现场参数变化的需要。这些控制程序不需要改变产品中的任何部件或零件就可通过多种手段输入机电一体化产品的控制系统中。

1.4.4 具有复合功能,适用面广

机电一体化产品突破了机电产品的单技术和单功能限制,具有复合技术和复合功能,使产品的功能水平和自动化程度大大提高。机电一体化产品一般具有自动控制、自动补偿、自动校验、自动调节、自动保护和智能化等多种功能,能应用于不同场合和不同领域,满足用户需求的应变能力较强。例如,电子式空气断路器具有保护特性可调、选择性脱扣、正常通过电流与脱扣时电流的测量、显示和故障自动诊断等功

能,使其应用范围显著扩大。

1.4.5 改善劳动条件,有利于自动化生产

机电一体化产品自动化程度高,是知识密集型和技术密集型产品,是将人们从繁重体力劳动中解放出来的重要途径,可以加速工厂自动化、办公自动化、农业自动化、交通自动化甚至是家庭自动化,从而可促进我国四个现代化的实现。

1.4.6 节约能源,减少耗材

节约一次能源和二次能源是国家的战略目标,是环境保护的需要,也是用户十分关心的问题。机电一体化产品,通过采用低能耗驱动机构,最佳的调节控制,以提高设备的能源利用率,可达到明显的节能效果。同时,由于多种学科的交叉融合,机电一体化系统的许多功能一方面从机械系统转移到了微电子、计算机等系统,另一方面,从硬件系统转移到了软件系统,从而使得机电一体化系统朝着轻小型方向发展,减少了材料消耗。

因此,无论是生产部门还是使用单位,采用机电一体化技术和产品,都会带来显著的社会和经济效益。正因为如此,世界各国,首先是日本、美国、欧洲各国都在大力发展和推广机电一体化技术。

下面以汽车工业为例,来分析微电子技术和微型计算机技术对汽车及汽车生产系统带来的巨大影响。

(1) 汽车产品的机电一体化革命　微电子技术和微处理机技术彻底改变了汽车产品的面貌,"汽车电子化"被称为汽车技术的又一次革命性飞跃。机电一体化的现代新型汽车在操作性、可靠性、高速性、安全性、维修性、舒适性,以及在降低油耗、减少排气污染等各方面性能大幅度提高,汽车电子化程度成为汽车产品市场竞争性的极其重要因素,汽车电子也逐渐发展成为一个新兴产业。

(2) 汽车生产制造系统发生的巨大变化　在现代汽车生产中,多数应用计算机进行经营和生产管理,利用CAD进行产品设计,使用数控机床和柔性生产线进行零部件加工,使用机器人从事喷漆、焊接、组装、搬运等工作。汽车车身通常需要进行3 000~4 000次点焊,其中90%以上的焊点可由工业机器人来完成。意大利菲亚特汽车公司的两条汽车装配线,每条线上都分布有50多个机器人,可在平均1 min 内完成1辆汽车的焊接工作。数控自动化生产能够节约原材料、动力及其他工厂辅助设备,降低废品率,减轻工人的劳动强度,并使劳动生产率提高300倍。现代机电一体化生产系统使得汽车生产的质量和产量大幅度提高,同时,整个生产系统可以通过改变程序适应不同型号汽车的制造,缩短新产品设计生产周期,尽快适应市场需求的变化。

传统产业机电一体化革命所带来的优质、高效、低耗、柔性,增强了企业的经济竞

争能力,引起世界各国和企业的极大重视。机电一体化新型产品将逐步取代大部分传统机械产品,传统的机械装备和生产管理系统将被大规模地改造和更新为机电一体化生产系统,机电一体化产业将占据主导地位,机械工业将以机械电子工业的新面貌得到迅速发展。

1.5 机电一体化的理论基础与关键技术

1.5.1 理论基础

系统论、信息论、控制论的建立,以及微电子技术尤其是计算机技术的迅猛发展,引领了科学技术的又一次革命,诱发了机械工程的机电一体化。系统论、信息论、控制论无疑是机电一体化技术的理论基础,是机电一体化技术的方法论。

开展机电一体化技术研究时,无论在工程的构思、规划、设计方面,还是在它的实施或实现方面,都不能只着眼于机械或电子,不能只看到传感器或计算机,而是要用系统的观点,合理解决信息流与控制机制问题,有效地综合各有关技术,才能形成所需要的系统或产品。

机电一体化技术是从系统工程观点出发,应用机械、微电子等有关技术,使机械、电子有机结合,实现系统或产品整体最优的综合性技术。小型的生产、加工系统,即使是一台机器,也都是由许多要素构成的,为了实现其"目的功能",还需要从系统角度出发,不拘泥于机械技术或电子技术,并寄希望于能够使各种功能要素构成最佳结合的柔性技术与方法。机电一体化工程就是这种技术和方法的统一。

机电一体化系统是一个包括物质流、能量流和信息流的系统,如何有效地利用各种信号所携带的丰富信息资源,则有赖于信号处理和信息识别技术。考察所有机电一体化产品,就会看到准确的信息获取、处理、利用在系统中所起的实质性作用。

1.5.2 关键技术

微电子技术、精密机械技术是机电一体化的技术基础。微电子技术的进步,尤其是微型计算机技术的迅速发展,为机电一体化技术的进步与发展创造了条件,奠定了基础。

机电一体化产品中的许多重要零部件都是利用超精密加工技术制造而成。就连微电子技术本身的发展也离不开精密机械技术。例如,大规模集成电路(LSI)制造中的微细加工就是精密机械技术进步的成果。因此,精密机械加工技术促进了微电子技术的不断发展,微电子技术的不断发展又推动了精密机械技术中加工设备的不断更新。

由于机电一体化作为一个工程大系统,发展该技术面临以下关键技术:传感检测技术、信息处理技术、自动控制技术、伺服驱动技术、接口技术、精密机械技术及系总体技术等,同时,也要受到社会条件、经济基础的重大影响。

1. 传感检测技术

在机电一体化产品中,工作过程的各种参数、工作状态以及与工作过程有关的相应信息都要通过传感器进行接收,并通过相应的信号检测装置进行测量,然后送入信息处理装置以及反馈给控制装置,以实现产品工作过程的自动控制。机电一体化产品要求传感器能快速和准确地获取信息并且不受外部工作条件和环境的影响,同时,检测装置能不失真地对信息信号进行放大、输送和转换。

传感器技术的发展正进入集成化、智能化研究阶段。把传感器件与信号处理电路集成在一个芯片上,就形成了信息型传感器;若再把微处理器集成到信息型传感器的芯片上,就是所谓的智能型传感器。大力开展传感器研究,对机电一体化技术的发展具有十分重要的意义。

2. 信息处理技术

信息处理技术是指在机电一体化产品工作过程中,与工作过程各种参数和状态以及自动控制有关的信息输入、识别、变换、运算、存储、输出和决策分析等技术。信息处理得是否及时、准确,直接影响机电一体化系统或产品的质量和效率,因而信息处理技术也是机电一体化的关键技术。

在机电一体化产品中,实现信息处理技术的主要工具是计算机。计算机信息处理装置是产品的核心,它控制和指挥整个机电一体化产品的运行。信息处理是否正确、及时,直接影响到系统工作的质量和效率,因此,计算机应用及信息处理技术已成为促进机电一体化技术发展和变革的最活跃的因素。

人工智能技术、专家系统技术、神经网络技术等都属于计算机信息处理技术。

3. 自动控制技术

自动控制是指在没有人直接参与的情况下,通过控制器使被控对象或过程自动地按照预定的规律运行。自动控制技术的广泛应用,不仅大大提高了劳动生产率和产品质量,改善了劳动条件,而且在人类征服大自然、探索新能源、发展空间技术与改善人类物质生活等方面起着极为重要的作用。机电一体化将自动控制作为重要的支撑技术,自动控制装置是它的重要组成部分。

4. 伺服驱动技术

伺服驱动技术主要是指机电一体化产品中的执行元件和驱动装置设计中的技术问题,它涉及设备执行操作的技术,对所加工产品的质量具有直接的影响。机电一体化产品中的执行元件有电动、气动和液压等类型,其中多采用电动式执行元件。驱动装置主要是各种电动机的驱动电源电路,目前,多由电力电子器件及集成化的功能电路构成。执行元件一方面通过接口电路与计算机相连,接受控制系统的指令,另一方面通过机械接口与机械传动和执行机构相连,以实现规定的动作。因此,伺服驱动技术直接影响着机电一体化产品的功能执行和操作,对产品的动态性能、稳定性能、操作精度和控制质量等具有决定性的影响。

5. 接口技术

机电一体化系统是机械、电子和信息等性能各异的技术融为一体的综合系统,其构成要素和子系统之间的接口极其重要。从系统外部看,输入/输出是系统与人、环境或其他系统之间的接口;从系统内部看,机电一体化系统是通过许多接口将各组成要素的输入/输出联系成一体的系统。因此,各要素及各子系统之间的接口性能就成为综合系统性能好坏的决定性因素。机电一体化系统最重要的设计任务之一往往就是接口设计。

6. 精密机械技术

精密机械技术是机电一体化的基础,因为机电一体化产品的主功能和构造功能大都以机械技术为主来实现的。随着高新技术被引入机械行业,机械技术面临着挑战和变革。在机电一体化产品中,机械技术不再是单一地完成系统间的连接,在系统结构、重量、体积、刚性与耐用性方面对机电一体化系统有着重要的影响。机电一体化产品对机械部分零部件的静、动态刚度、热变形等机械性能有更高的要求。特别是关键零部件(如导轨、滚珠丝杠、轴承、传动部件等)的材料、精度,对机电一体化产品的性能、控制精度影响极大。

在制造过程的机电一体化系统中,经典的机械理论与工艺应借助于计算机辅助技术,同时采用人工智能与专家系统等,形成新一代的机械制造技术。原有的机械技术以知识和技能的形式存在,是任何其他技术都代替不了的。如计算机辅助工艺规划(CAPP)是目前 CAD/CAM 系统研究的瓶颈,其关键问题在于如何将广泛存在于各行业、企业、技术人员中的标准、习惯和经验进行表达和陈述,从而实现计算机的自动工艺设计与管理。

7. 系统总体技术

系统总体技术是指从整体目标出发,用系统的观点和方法,将机电一体化产品的总体功能分解成若干功能单元,找出能够完成各个功能的可能技术方案,再把功能与技术方案组合成方案组进行分析、评价、综合,从而优选出适宜的功能技术方案。系统总体技术是最能体现机电一体化设计特点的技术,也是保证其产品工作性能和技术指标得以实现的关键技术。

在机电一体化产品中,机械、电气和电子是性能、规律截然不同的物理模型,因而存在匹配上的困难;电气、电子又有强电与弱电、模拟与数字之分,必然遇到相互干扰与耦合的问题;系统的复杂性带来的可靠性问题;产品的小型化增加了状态监测与维修的困难问题;多功能化造成诊断技术的多样性等问题。因此,就要考虑产品整个寿命周期的总体综合技术。

为了开发出具有较强竞争能力的机电一体化产品,系统总体设计除考虑优化设计外,还包括可靠性设计、标准化设计、系列化设计以及造型设计。

1.6 机电一体化的发展前景

1.6.1 机电一体化的发展状况

机电一体化技术的发展大体上可分为三个阶段。

20 世纪 60 年代以前为第一阶段,这一阶段称为初期阶段。在这一时期,人们有意或无意地利用电子技术的初步成果来完善机械产品的性能。

20 世纪 70、80 年代为第二阶段,可称为蓬勃发展阶段。这一时期,计算机技术、控制技术、通信技术的发展,为机电一体化的发展奠定了技术基础。大规模、超大规模集成电路和微型计算机的迅猛发展,为机电一体化技术的发展提供了充分的物质基础。

20 世纪 90 年代后期,开始了机电一体化技术向智能化方向迈进的新阶段,一方面,光学、通信技术等进入了机电一体化,微细加工技术也在机电一体化中崭露头角,出现了光机电一体化和微机电一体化等新分支;另一方面,对机电一体化系统的建模设计、分析和集成方法,以及机电一体化的学科体系和发展趋势都进行了深入研究。

我国从 20 世纪 80 年代初才开始这方面的研究和应用。国务院成立了机电一体化领导小组并将该技术列为"863 计划"中。机械工业在制定"九五"规划和 2010 年发展纲要时充分考虑了国际上关于机电一体化技术的发展动向和由此可能带来的影响。经过 30 多年的努力,在航天、国防及经济建设的一些重大工程带动下,我国已在机电一体化许多领域跻身于世界先进行列。

1.6.2 机电一体化的发展趋势

机电一体化是机械、电子、光学、控制、计算机、信息等多学科的交叉融合,它的发展和进步依赖并促进相关技术的发展和进步。因此,机电一体化的主要发展方向如下。

1. 智能化

智能化是 21 世纪机电一体化技术发展的一个重要发展方向。这里所说的"智能化"是对机器行为的描述,是在控制理论的基础上,吸收人工智能、运筹学、计算机科学、心理学、生理学和混沌动力学等新思想、新方法,模拟人类智能,使它具有判断推理、逻辑思维、自主决策等能力,以求得到更高的控制目标。

2. 模块化

模块化是一项重要而又艰巨的工程。由于机电一体化产品种类和生产厂家繁多,研制和开发具有标准机械接口、电气接口、动力接口、环境接口的机电一体化产品单元是一项十分复杂但又是非常重要的事。如研制集减速、智能调速、电动机于一体的动力单元,具有视觉、图像处理、识别和测距等功能的控制单元,以及各种能完成典型操作的机械装置。这样,可利用标准单元迅速开发出新的产品,同时,也可扩大生产规模。显然,从电气产品的标准化、系列化带来的好处可以肯定,无论是对生产标准机电一体化单元的企业还是对生产机电一体化产品的企业,模块化将给机电一体化企业带来更大的经济效益。

3. 网络化

20世纪90年代,计算机技术的突出成就是网络技术。各种网络将全球经济、生产连成一体,企业间的竞争也全球化。机电一体化新产品一旦研制出来,只要其功能独到,质量可靠,很快就会畅销全球。由于网络的普及,基于网络的各种远程控制和监视技术方兴未艾,而远程控制的终端设备本身就是机电一体化产品。现场总线和局域网技术使家用电器网络化已成大势,利用家庭网络(home net)将各种家用电器连接成以计算机为中心的计算机集成家电系统(computer integrated appliance system,CIAS),使人们在家里能充分享受各种高技术带来的便利和快乐。因此,机电一体化产品无疑朝着网络化方向发展。

4. 微型化

微型化兴起于20世纪80年代末,是指机电一体化向微型机器和微观领域发展的趋势。国外将其称为微电子机械系统(micro electromechanical system,MEMS),或微机电一体化系统,泛指几何尺寸不超过 1 cm^3 的机电一体化产品,并向微米、纳米级发展。微机电一体化产品体积小,耗能少,运动灵活,在生物、医疗、军事、信息等方面具有不可比拟的优越性。

5. 绿色化

工业的发达给人们生活带来了巨大变化。绿色产品在其设计、制造、使用和销毁的生命过程中,都应符合特定的环境保护和人类健康的要求,并对生态环境无害或危害极少,资源利用率最高。设计绿色的机电一体化产品,具有远大的发展前途。

6. 人格化

未来的机电一体化更加注重产品与人的关系,机电一体化的人格化有两层含义:一层是机电一体化产品的最终使用对象是人,如何赋予机电一体化产品人的智能、情感、人性,显得越来越重要,特别是对家用机器人,其高层境界就是人机一体化;另一层是模仿生物机理,研制出各种机电一体化产品。

思 考 题

1-1 简述机电一体化的内涵和本质。
1-2 机电一体化关键技术是什么?
1-3 机电一体化系统的主要组成、作用及其特点是什么?
1-4 应用机电一体化技术的突出特点是什么?

1-5 传统机械、电子产品与机电一体化产品的主要区别是什么?
1-6 机电一体化的主要关键技术有哪些?它们各自的作用是什么?
1-7 结合实际简述机电一体化的作用与应用有哪些。
1-8 根据自己观点,试论述机电一体化的发展趋势。
1-9 试举几个日常生活中的机电一体化产品实例,并分析其系统构成。

第 2 章 机电一体化机械系统设计理论

【本章导读】 机电一体化机械系统的设计和传统的机械系统的设计有很大的不同。传统机械系统一般是由动力元件、传动元件、执行元件三部分,加上电磁、液压和机械控制部分组成;而机电一体化中的机械系统则是"由计算机信息网络协调与控制的,用于完成包括机械力、运动和能量流等动力学任务的机械和机电部件相互联系的系统",其核心是由计算机控制的,包括机、电、液、光、磁等技术的伺服系统。该系统的设计一般从机械传动设计、机械结构设计以及具体设计方法几面考虑。

2.1 机械系统设计概述

机电一体化机械系统是由计算机信息网络协调与控制的,用于完成包括机械力、运动和能量流等动力学任务的机械及机电部件相互联系的系统。其核心是由计算机控制的,包括机械、电力、电子、液压、光学等技术的伺服系统。它的主要功能是完成一系列机械运动,每一个机械运动可单独由控制电动机、传动机构和执行机构组成的子系统来完成,而这些子系统要由计算机协调和控制,以完成其系统功能要求。机电一体化机械系统的设计要从系统的角度进行合理化和最优化设计。

机电一体化系统的机械结构主要包括执行机构、传动机构和支承部件。在机械系统设计时,除考虑一般机械设计要求外,还必须考虑机械结构因素与整个伺服系统的性能参数、电气参数的匹配,以获得良好的伺服性能。

2.1.1 机电一体化对机械系统的基本要求

机电一体化系统的机械系统与一般的机械系统相比,除要求较高的制造精度外,还应具有良好的动态响应特性,即快速响应和良好的稳定性。

1. 高精度

精度直接影响产品的质量,尤其是机电一体化产品,其技术性能、工艺水平和功能比普通的机械产品都有很大的提高,因此,机电一体化机械系统的高精度是其首要的要求。如果机械系统的精度不能满足要求,则无论机电一体化产品其他系统工作多么精确,也无法完成其预定的机械操作。

2. 快速响应

机电一体化系统的快速响应是要求机械系统从接到指令到开始执行指令指定的任务之间的时间间隔短。这样,系统才能精确地完成预定的任务要求,且控制系统也才能及时根据机械系统的运行情况得到信息,下达指令,使其准确地完成任务。

3. 良好的稳定性

机电一体化系统要求其机械装置在温度、振动等外界干扰的作用下依然能够正常稳定地工作,即系统抵御外界环境的影响和抗干扰能力强。

为确保机械系统的上述特性,在设计中通常提出无间隙、低摩擦、低惯量、高刚度、高谐振频率和适当的阻尼比等要求。此外,机械系统还要求具有体积小、重量轻、可靠性高和寿命长等特点。

2.1.2 机械系统的组成

概括地讲,机电一体化机械系统主要包括如下三大部分。

1. 传动机构

机电一体化机械系统中的传动机构不仅仅是转速和转矩的变换器,而是已成为伺服系统的一部分,它要根据伺服控制的要求进行选择设计,以满足整个机械系统良好的伺服性能。因此,传动机构除了要满足传动精度的要求,而且还要满足小型、轻量、高速、低噪声和高可靠性的要求。

2. 导向机构

导向机构的作用是支撑和导向,为机械系统中各运动装置能安全、准确地完成其特定方向的运动提供保障,一般指导轨、轴承等。

3. 执行机构

执行机构是用以完成操作任务的直接装置。执行机构根据操作指令的要求在动力源的带动下,完成预定的操作。一般要求它具有较高的灵敏度、精确度,良好的重复性和可靠性。计算机的强大功能使传统的作为动力源的电动机,发展为具有动力、变速与执行等多重功能的伺服电动机,从而大大简化了传动和执行机构。

除以上三部分外,机电一体化系统的机械部分通常还包括机座、支架、壳体等。

2.1.3 机械系统的设计思想

机电一体化的机械系统设计主要包括两个环节:静态设计和动态设计。

1. 静态设计

静态设计是指依据系统的功能要求,通过研究制定出机械系统的初步设计方案。该方案只是一个初步的轮廓,包括系统主要零部件的种类,各部件之间的连接方式,系统的控制方式,所需能源方式等。

有了初步设计方案后,开始着手按技术要求设计系统的各组成部件的结构、运动关系及参数;确定零件的材料、结构、制造精度;验算执行元件(如电动机)的参数、功率及过载能力;选择相关元件、部件;配置系统的阻尼等。以上过程称为稳态设计。稳态设计保证了系统的静态特性要求。

2. 动态设计

动态设计是研究系统在频率域的特性,借助静态设计的系统结构,通过建立系统组成各环节的数学模型和推导出系统整体的传递函数,利用自动控制理论的方法求得该系统的频率特性(幅频特性和相频特性)。系统的频率特性体现了系统对不同频率信号的反应,决定了系统的稳定性、最大工作频率和抗干扰能力。

静态设计忽略了系统自身运动因素和干扰因素的影响,对于伺服精度和响应速度要求不高的机电一体化系统,静态设计就能够满足设计要求。对于精密和高速智能化机电一体化系统,环境干扰和系统自身的结构及运动因素对系统产生的影响会很大,因此,必须通过调节各个环节的相关参数,改变系统的动态特性来保证系统的功能要求。动态分析与设计过程往往会改变前期的部分设计方案,有时甚至会推翻整个方案,要求重新进行静态设计。

2.2 机械传动设计的原则

2.2.1 机电一体化系统对机械传动的要求

机械传动是一种把动力机产生的运动和动力传递给执行机构的中间装置,是一种扭矩和转速的变换器,其目的是在动力机与负载之间使扭矩得到合理的匹配,并可通过机构变换来实现对输出速度的调节。

在机电一体化系统中,伺服电动机的伺服变速功能在很大程度上代替了传统机械传动中的变速机构,只有在伺服电动机的转速范围满足不了系统要求时,才通过传动装置变速。由于机电一体化系统对快速响应指标要求很高,因此,机电一体化系统中的机械传动装置不仅是解决伺服电动机与负载间的力矩匹配问题,更重要的是要提高系统的伺服性能。为了提高机械系统的伺服性能,要求机械传动部件转动惯量小、摩擦小、阻尼合理、刚度大、抗振性好、间隙小,并满足小型、轻量、高速、低噪声和高可靠性等要求。

2.2.2 总传动比的确定

根据上面所述,机电一体化系统的传动装置在满足伺服电动机与负载力矩匹配的同时,还应具有较高的响应速度,即启动和制动速度。因此,在伺服系统中,通常采用负载角加速度最大原则来选择总传动比,以提高伺服系统的响应速度。传动模型如图 2-1 所示,图中 J_m 为电动机 M 转子的转动惯量;θ_m 为电动机 M 的角位移;J_L 为负载 L 的转动惯量;T_{LF} 为摩擦阻转矩;i 为齿轮系 G 的总传动比。

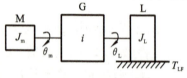

图 2-1 传动模型

根据传动关系有

$$i = \frac{\theta_m}{\theta_L} = \frac{\dot{\theta}_m}{\dot{\theta}_L} = \frac{\ddot{\theta}_m}{\ddot{\theta}_L} \tag{2-1}$$

式中 θ_m、$\dot{\theta}_m$、$\ddot{\theta}_m$——电动机的角位移、角速度、角加速度；

θ_L、$\dot{\theta}_L$、$\ddot{\theta}_L$——负载的角位移、角速度、角加速度。

T_{LF} 换算到电动机轴上的阻抗转矩为 T_{LF}/i；J_L 换算到电动机轴上的转动惯量为 J_L/i^2。设 T_m 为电动机的驱动转矩，在忽略传动装置惯量的前提下，根据旋转运动方程，电动机轴上的合转矩 T_a 为

$$T_a = T_m - \frac{T_{LF}}{i} = \left(J_m + \frac{J_L}{i^2}\right) \cdot \ddot{\theta}_m = \left(J_m + \frac{J_L}{i^2}\right) \cdot i \cdot \ddot{\theta}_L$$

则
$$\ddot{\theta}_L = \frac{T_m i - T_{LF}}{J_m i^2 + J_L} \tag{2-2}$$

式(2-2)中，改变总传动比 i，则 $\ddot{\theta}_L$ 也随之改变。根据负载角加速度最大的原则，令 $\frac{d\ddot{\theta}_L}{di} = 0$，则解得

$$i = \frac{T_{LF}}{T_m} + \sqrt{\left(\frac{T_{LF}}{T_m}\right)^2 + \frac{J_L}{J_m}}$$

若不计摩擦，即 $T_{LF}=0$，则有

$$i = \sqrt{J_L/J_m} \quad \text{或} \quad T_L/i^2 = T_m \tag{2-3}$$

式(2-3)表明，传动装置总传动比 i 的最佳值就是 J_L 换算到电动机轴上的转动惯量正好等于电动机转子的转动惯量 J_m，此时，电动机的输出转矩一半用于加速负载，一半用于加速电动机转子，达到了惯性负载和转矩的最佳匹配。

当然，上述分析是忽略了传动装置的惯量影响而得到的结论，实际总传动比要依据传动装置的惯量估算而适当选择大一点。传动装置设计完成以后，在动态设计时，通常，将传动装置的转动惯量归为负载折算到电动机轴上，并与实际负载一同考虑，进行电动机响应速度验算。

2.2.3 传动链的级数和各级传动比的分配

机电一体化传动系统中，为既满足总传动比要求，又使结构紧凑，常采用多级齿轮副或蜗轮蜗杆等其他传动机构组成传动链。下面以齿轮传动链为例，介绍级数和各级传动比的分配原则，这些原则对其他形式的传动链也有指导意义。

1. 等效转动惯量最小原则

齿轮系传递的功率不同，其传动比的分配也有所不同。

1) 小功率传动装置

电动机驱动的二级齿轮传动系统如图 2-2 所示。

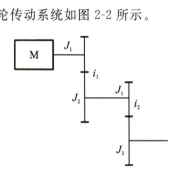

图 2-2 电动机驱动的二级齿轮传动系统

由于功率小,假定各主动轮具有相同的转动惯量 J_1,轴与轴承转动惯量不计,各齿轮均为实心圆柱齿轮,且齿宽 b 和材料均相同,效率不计,则有

$$\begin{cases} i_1 = (\sqrt{2} \times i)^{\frac{1}{3}} \\ i_2 = 2^{-\frac{1}{6}} i^{\frac{2}{3}} \end{cases} \tag{2-4}$$

式中 i_1、i_2——齿轮系中第一级、第二级齿轮副的传动比;

i——齿轮系总传动比,$i = i_1 \cdot i_2$。

同理,对于 n 级齿轮系有

$$i_1 = 2^{\frac{2^n - n - 1}{2(2^n - 1)}} i^{\frac{1}{2^n - 1}} \tag{2-5}$$

$$i_k = \sqrt{2} \left(\frac{i}{2^{\frac{n}{2}}} \right)^{\frac{2^{(k-1)}}{2^n - 1}} \tag{2-6}$$

由此可见,各级传动比分配的结果应遵循"前小后大"的原则。

例 2-1 设有 $i = 80$,传动级数 $n = 4$ 的小功率传动装置,试按等效转动惯量最小原则分配传动比。

解 由式(2-5)、式(2-6)知

$$i_1 = 2^{\frac{2^4 - 4 - 1}{2(2^4 - 1)}} \times 80^{\frac{1}{2^4 - 1}} = 1.726\,8$$

$$i_2 = \sqrt{2} \left(\frac{80}{2^{4/2}} \right)^{\frac{2^{(2-1)}}{2^4 - 2}} = 2.108\,5$$

$$i_3 = \sqrt{2} \left(\frac{80}{2^{4/2}} \right)^{\frac{4}{15}} = 3.143\,8$$

$$i_4 = \sqrt{2} \left(\frac{80}{2^2} \right)^{\frac{8}{15}} = 6.988\,7$$

验算总传动比,即

$$i=i_1i_2i_3i_4\approx 80$$

以上是已知传动级数进行各级传动比的确定。若以传动级数为参变量,齿轮系中折算到电动机轴上的等效转动惯量 J_e 与第一级主动齿轮的转动惯量 J_1 之比为 J_e/J_1,其变化与总传动比 i 的关系如图 2-3 所示。

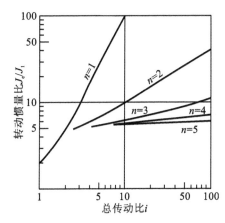

图 2-3 小功率传动装置确定传动级数曲线

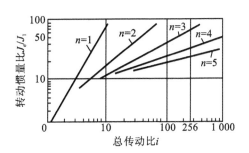

图 2-4 大功率传动装置确定传动级数曲线

2) 大功率传动装置

大功率传动装置传递的扭矩大,各级齿轮副的模数、齿宽、直径等参数逐级增加,各级齿轮的转动惯量差别很大。确定大功率传动装置的传动级数及各级传动比可依据图 2-4、图 2-5、图 2-6 来进行。传动比分配的基本原则仍应为"前小后大"。

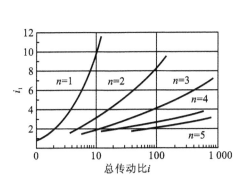

图 2-5 大功率传动装置确定第一级传动比曲线

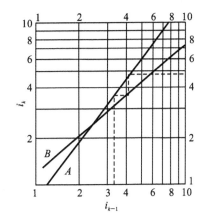

图 2-6 大功率传动装置确定各级传动比曲线

例 2-2 设有 $i=256$ 的大功率传动装置,试按等效转动惯量最小原则分配传动比。

解 查图 2-4,得 $n=3$ 时,$J_e/J_1=70$;$n=4$ 时,$J_e/J_1=35$;$n=5$ 时,$J_e/J_1=26$。为兼顾 J_e/J_1 值的大小和传动装置结构紧凑,选 $n=4$。查图 2-5,得 $i_1=3.3$。查图

2-6，在横坐标 i_{k-1} 上 3.3 处作垂直线与 A 线交于第一点，在纵坐标 i_k 轴上查得 $i_2=3.7$。通过该点作水平线与 B 曲线相交得第二点 $i_3=4.24$。由第二点作垂线与 A 曲线相交得第三点 $i_4=4.95$。

验算 $i_1i_2i_3i_4=256.26$，满足设计要求。

由上述分析可知，无论传递的功率大小如何，按"转动惯量最小"原则来分配，从高速级到低速级的各级传动比总是逐级增加的，而且级数越多，总等效惯量就越小。但级数增加到一定数量后，总等效惯量的减小并不明显，而从结构紧凑、传动精度和经济性等方面考虑，级数不能太多。

2. 质量最小原则

质量方面的限制常常是伺服系统设计应考虑的重要问题，特别是用于航空、航天的传动装置，按"质量最小"的原则来确定各级传动比就显得十分必要。

1) 大功率传动装置

大功率传动装置的传动级数确定主要考虑结构的紧凑性。在给定总传动比的情况下，传动级数过少会使大齿轮尺寸过大，导致传动装置体积和质量增大；传动级数过多会增加轴、轴承等辅助构件，导致传动装置质量增加。设计时应综合考虑系统的功能要求和环境因素，通常情况下传动级数要尽量地少。

大功率减速传动装置按"质量最小原则"确定的各级传动比表现为"前大后小"的传动比分配方式。减速齿轮传动的后级齿轮比前级齿轮的转矩要大得多，在同样传动比的情况下，后级齿轮的齿厚、质量也大得多，因此，减小后级齿轮传动比就相应减少了大齿轮的齿数和减小了质量。

大功率减速传动装置的各级传动比可以按图 2-7 和图 2-8 选择。

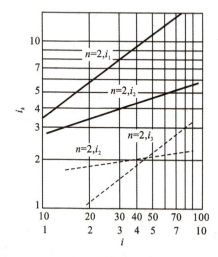

图 2-7 大功率传动装置两级传动比曲线
（$i<10$ 时，使用图中的虚线）

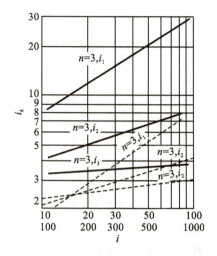

图 2-8 大功率传动装置三级传动比曲线
（$i<100$ 时，使用图中的虚线）

例 2-3 设有 $n=2, i=40$ 的大功率传动装置,求各级传动比。

解 查图 2-7 可得

$$i_1 \approx 9.1, \quad i_2 \approx 4.4$$

例 2-4 设有 $n=3, i=202$ 的大功率传动装置,求各级传动比。

解 查图 2-8 可得

$$i_1 \approx 12, \quad i_2 \approx 5, \quad i_3 \approx 3.4$$

2) 小功率传动装置

对于小功率传动装置,按"质量最小"原则来确定传动比时,通常选择相等的各级传动比。在假设各主动小齿轮的模数、齿数均相等这样的特殊条件下,各大齿轮的分度圆直径均相等,因而每级齿轮副的中心距也相等。这样,便可设计成如图 2-9 所示的回曲式齿轮传动链,其总传动比可以非常大。显然,这种结构十分紧凑。

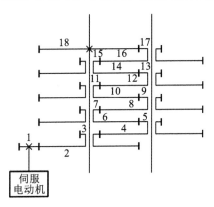

图 2-9 回曲式齿轮传动链

3. 输出轴转角误差最小原则

以图 2-10 所示四级减速齿轮传动链为例。四级传动比分别为 i_1、i_2、i_3、i_4,齿轮 1~8 的转角误差依次为 $\Delta\Phi_1 \sim \Delta\Phi_8$。该传动链输出轴的总转角误差 $\Delta\Phi_{\max}$ 为

$$\Delta\Phi_{\max} = \frac{\Delta\Phi_1}{i_1 i_2 i_3 i_4} + \frac{\Delta\Phi_2 + \Delta\Phi_3}{i_2 i_3 i_4} + \frac{\Delta\Phi_4 + \Delta\Phi_5}{i_3 i_4} + \frac{\Delta\Phi_6 + \Delta\Phi_7}{i_4} + \Delta\Phi_8 \quad (2-7)$$

由式(2-7)可以看出,如果从输入端到输出端的各级传动比按"前小后大"原则排列,则总转角误差较小。而且低速级的误差在总误差中占的比重很大。因此,要提高

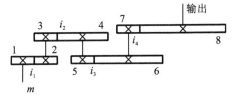

图 2-10 四级减速齿轮传动链

传动精度,就应减少传动级数,并使末级齿轮的传动比尽可能大,制造精度尽量高。

4. 三种原则的选择

在设计齿轮传动装置时,上述三条原则应根据具体工作条件综合考虑。

(1) 对于传动精度要求高的减速齿轮传动链,可按输出轴转角误差最小的原则设计。若为增速传动,则应在开始几级就增速。

(2) 对于要求运转平稳、启停频繁和动态性能好的减速传动链,可按等效转动惯量最小原则和输出轴转角误差最小的原则设计。

(3) 对于要求质量尽可能小的减速传动链,可按质量最小原则设计。

2.3 机械系统性能分析

为了保证机电一体化系统具有良好的伺服特性,我们不仅要满足系统的静态特性,还必须利用自动控制理论的方法进行机电一体化系统的动态分析与设计。动态设计过程首先是针对静态设计的系统建立数学模型,然后用控制理论的方法分析系统的频率特性,找出并通过调节相关机械参数改变系统的伺服性能。

2.3.1 数学模型的建立

机械系统数学模型的建立与电气系统数学模型的建立基本相似,都是通过折算的办法将复杂的结构装置转换成等效的简单函数关系,数学表达式一般是线性微分方程(通常简化成二阶微分方程)。机械系统的数学模型分析的是输入(如电动机转子运动)和输出(如工作台运动)之间的相对关系。等效折算过程是将复杂结构关系的机械系统的惯量、弹性模量和阻尼(或阻尼比)等机械性能参数归一处理,从而通过数学模型来反映各环节的机械参数对系统整体的影响。

下面以数控机床进给传动系统为例来介绍建立数学模型的方法。在图 2-11 所示的数控机床进给传动系统中,电动机通过两级减速齿轮 z_1、z_2、z_3、z_4 及丝杠螺母副驱动工作台作直线运动。设 J_1 为轴Ⅰ和电动机转子构成的转动惯量;J_2、J_3 为轴Ⅱ、Ⅲ构成的转动惯量;K_1、K_2、K_3 分别为轴Ⅰ、Ⅱ、Ⅲ的扭转刚度系数;K 为丝杠螺母副及螺母底座部分的轴向刚度系数;m 为工作台质量;C 为工作台导轨黏性阻尼系数;T_1、T_2、T_3 分别为轴Ⅰ、Ⅱ、Ⅲ的输入转矩。

建立该系统的数学模型,首先是把机械系统中各基本物理量折算到传动链中的某个元件上(本例折算到轴Ⅰ上),使复杂的多轴传动关系转化成单一轴运动,转化前后的系统总机械性能等效;然后,在单一轴基础上根据输入量和输出量的关系建立它的输入/输出数学表达式(即数学模型)。根据该表达式进行的相关机械特性分析就反映了原系统的性能。在该系统的数学模型建立过程中,分别针对不同的物理量(如 J、K、ω)求出相应的折算等效值。

机械装置的质量(惯量)、弹性模量和阻尼等机械特性参数对系统的影响是线性

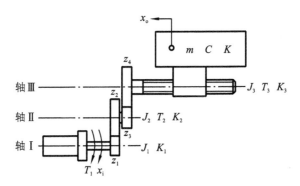

图 2-11 数控机床进给传动系统

叠加关系,因此,在研究各参数对系统影响时,可以假设其他参数为理想状态,单独考虑特性关系。下面就基本机械性能参数,分别讨论转动惯量、阻尼和弹性模量的折算过程。

1. 转动惯量的折算

把轴Ⅰ、Ⅱ、Ⅲ上的转动惯量和工作台的质量都折算到轴Ⅰ上,作为系统的等效转动惯量。设 T'_1、T'_2、T'_3 分别为轴Ⅰ、Ⅱ、Ⅲ 的负载转矩,ω_1、ω_2、ω_3 分别为轴Ⅰ、Ⅱ、Ⅲ的角速度;v 为工作台位移时的线速度。

(1) 轴Ⅰ、Ⅱ、Ⅲ转动惯量的折算 根据动力平衡原理,轴Ⅰ、Ⅱ、Ⅲ的力平衡方程分别为

$$T_1 = J_1 \frac{d\omega_1}{dt} + T'_1 \tag{2-8}$$

$$T_2 = J_2 \frac{d\omega_2}{dt} + T'_2 \tag{2-9}$$

$$T_3 = J_3 \frac{d\omega_3}{dt} + T'_3 \tag{2-10}$$

因为轴Ⅱ的输入转矩 T_2 是由轴Ⅰ上的负载转矩获得,且它们的转速成反比,所以

$$T_2 = \frac{z_2}{z_1} T'_1$$

又根据传动关系有

$$\omega_2 = \frac{z_1}{z_2} \omega_1$$

把 T_2 和 ω_2 值代入式(2-9),并将式(2-8)中的 T_1 也代入,整理得

$$T'_1 = J_2 \left(\frac{z_1}{z_2}\right)^2 \frac{d\omega_1}{dt} + \left(\frac{z_1}{z_2}\right) T'_2 \tag{2-11}$$

同理

$$T'_2 = J_3 \left(\frac{z_1}{z_2}\right)\left(\frac{z_3}{z_4}\right)^2 \frac{d\omega_1}{dt} + \left(\frac{z_3}{z_4}\right) T'_3 \tag{2-12}$$

(2) 将工作台质量折算到轴Ⅰ上 在工作台与丝杠间,T'_3驱动丝杠使工作台运

动。

根据动力平衡关系有

$$T'_3 2\pi = m \frac{dv}{dt} L$$

式中 v——工作台线速度；

L——丝杠导程。

这表明，丝杠转动一周所做的功等于工作台前进一个导程时其惯性力所做的功。

又根据传动关系有

$$v = \frac{L}{2\pi}\omega_3 = \frac{L}{2\pi}\frac{z_1}{z_2}\frac{z_3}{z_4}\omega_1$$

将 v 值代入上式整理后得

$$T'_3 = \left(\frac{L}{2\pi}\right)^2 \frac{z_1}{z_2}\frac{z_3}{z_4} m \frac{d\omega_1}{dt} \tag{2-13}$$

(3) 折算到轴 Ⅰ 上的总转动惯量 将式(2-11)、式(2-12)、式(2-13)代入式(2-8)、式(2-9)、式(2-10)，消去中间变量并整理后求出电动机输出的总转矩 T_1 为

$$T_1 = \left[J_1 + J_2\left(\frac{z_1}{z_2}\right)^2 + J_3\left(\frac{z_1}{z_2}\frac{z_3}{z_4}\right)^2 + m\left(\frac{z_1}{z_2}\frac{z_3}{z_4}\right)^2\left(\frac{L}{2\pi}\right)^2\right]\frac{d\omega_1}{dt} = J_\Sigma \frac{d\omega_1}{dt}$$

$$\tag{2-14}$$

式中

$$J_\Sigma = J_1 + J_2\left(\frac{z_1}{z_2}\right)^2 + J_3\left(\frac{z_1}{z_2}\frac{z_3}{z_4}\right)^2 + m\left(\frac{z_1}{z_2}\frac{z_3}{z_4}\right)^2\left(\frac{L}{2\pi}\right)^2 \tag{2-15}$$

J_Σ 为系统各环节的转动惯量(或质量)折算到轴 Ⅰ 上的总等效转动惯量。其中 $J_2\left(\frac{z_1}{z_2}\right)^2$、$J_3\left(\frac{z_1}{z_2}\frac{z_3}{z_4}\right)^2$、$m\left(\frac{z_1}{z_2}\frac{z_3}{z_4}\right)^2\left(\frac{L}{2\pi}\right)^2$ 分别为轴 Ⅱ、Ⅲ 的转动惯量和工作台质量折算到轴 Ⅰ 上的折算转动惯量。

2. 黏性阻尼系数的折算

机械系统工作过程中，相互运动的元件间存在着阻力，并以不同的形式表现出来，如摩擦阻力、流体阻力及负载阻力等，这些阻力在建模时需要折算成与速度有关的黏滞阻尼力。

当工作台匀速转动时，轴 Ⅲ 的驱动转矩 T_3 完全用来克服黏滞阻尼力的消耗。考虑到其他各环节的摩擦损失比工作台导轨的摩擦损失小得多，故只计工作台导轨的黏性阻尼系数 C。根据工作台与丝杠之间的动力平衡关系有

$$T_3 2\pi = CvL$$

即丝杠转一周，T_3 所做的功等于工作台前进一个导程时其阻尼力所做的功。

根据力学原理和传动关系有

$$T_1 = \left(\frac{z_2}{z_1}\frac{z_4}{z_3}\right)^2 \left(\frac{L}{2\pi}\right)^2 C\omega_1 = C'\omega_1 \tag{2-16}$$

式中,C'为工作台导轨折算到轴Ⅰ上的黏性阻力系数,即

$$C' = \left(\frac{z_2}{z_1}\frac{z_4}{z_3}\right)^2 \left(\frac{L}{2\pi}\right)^2 C \tag{2-17}$$

3. 弹性变形系数的折算

机械系统中各元件在工作时受力或力矩的作用,将产生轴向伸长、压缩或扭转等弹性变形,这些变形将影响到整个系统的精度和动态特性。建模时要将其折算成相应的扭转刚度系数或轴向刚度系数。

上例中,应先将各轴的扭转角都折算到轴Ⅰ上来,丝杠与工作台之间的轴向弹性变形会使轴Ⅲ产生一个附加扭转角,也应折算到轴Ⅰ上,然后求出轴Ⅰ的总扭转刚度系数。同样,当系统在无阻尼状态下,T_1、T_2、T_3 等输入转矩都用来克服机构的弹性变形。

1) 轴向刚度的折算

当系统承担负载后,丝杠螺母副和螺母座都会产生轴向弹性变形,图 2-12 所示为其等效作用图。在丝杠左端输入转矩 T_3 的作用下,丝杠和工作台之间的弹性变形为 δ,对应的丝杠附加扭转角为 $\Delta\theta_3$。根据动力平衡原理和传动关系,在丝杠轴Ⅲ上有

$$T_3 2\pi = K\delta L$$

$$\delta = \frac{\Delta\theta_3}{2\pi}L$$

所以

$$T_3 = \left(\frac{1}{2\pi}\right)^2 K\Delta\theta_3 = K'\Delta\theta_3$$

式中,K' 为附加扭转刚度系数,即

$$K' = \left(\frac{1}{2\pi}\right)^2 K \tag{2-18}$$

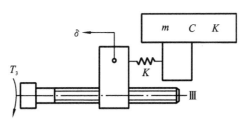

图 2-12 弹性变形的等效作用图

2) 扭转刚度系数的折算

设 θ_1、θ_2、θ_3 分别为轴Ⅰ、Ⅱ、Ⅲ在输入转矩 T_1、T_2、T_3 的作用下产生的扭转角。根据动力平衡原理和传动关系有

$$\theta_1 = \frac{T_1}{K_1}$$

$$\theta_2 = \frac{T_2}{K_2} = \frac{z_2}{z_1}\frac{T_1}{K_2}$$

$$\theta_3 = \frac{T_3}{K_3} = \frac{z_2}{z_1}\frac{z_4}{z_3}\frac{T_1}{K_3}$$

由于丝杠和工作台之间轴向弹性变形使轴Ⅲ附加了一个扭转角 $\Delta\theta_3$，因此，轴Ⅲ上的实际扭转角 $\theta_Ⅲ$ 为

$$\theta_Ⅲ = \theta_3 + \Delta\theta_3$$

将 θ_3、$\Delta\theta_3$ 值代入，则有

$$\theta_Ⅲ = \frac{T_3}{K_3} + \frac{T_3}{K'} = \frac{z_2}{z_1}\frac{z_4}{z_3}\left(\frac{1}{K_3} + \frac{1}{K'}\right)T_1$$

将各轴的扭转角折算到轴Ⅰ上，得轴Ⅰ的总扭转角为

$$\theta = \theta_1 + \frac{z_2}{z_1}\theta_2 + \frac{z_2}{z_1}\frac{z_4}{z_3}\theta_Ⅲ$$

将 θ_1、θ_2、$\theta_Ⅲ$ 值代入上式有

$$\theta = \frac{T_1}{K_1} + \left(\frac{z_2}{z_1}\right)^2 \frac{T_1}{K_2} + \left(\frac{z_2}{z_1}\frac{z_4}{z_3}\right)^2 \left(\frac{1}{K_3} + \frac{1}{K'}\right)T_1$$

$$= \left[\frac{1}{K_1} + \left(\frac{z_2}{z_1}\right)^2 \frac{1}{K_2} + \left(\frac{z_2}{z_1}\frac{z_4}{z_3}\right)^2 \left(\frac{1}{K_3} + \frac{1}{K'}\right)\right]T_1$$

$$= \frac{T_1}{K_\Sigma} \tag{2-19}$$

式中，K_Σ 为折算到轴Ⅰ上的总扭转刚度系数，即

$$K_\Sigma = \frac{1}{\frac{1}{K_1} + \left(\frac{z_2}{z_1}\right)^2 \frac{1}{K_2} + \left(\frac{z_2}{z_1}\frac{z_4}{z_3}\right)^2 \left(\frac{1}{K_3} + \frac{1}{K'}\right)} \tag{2-20}$$

4. 建立系统的数学模型

根据以上的参数折算，建立系统的动力平衡方程和推导数学模型。

设输入量为轴Ⅰ的输入转角 x_i；输出量为工作台的线位移 x_o。根据传动原理，把 x_o 折算成轴Ⅰ的输出角位移 Φ。在轴Ⅰ上根据动力平衡原理有

$$J_\Sigma \frac{d^2\Phi}{dt^2} + C' \frac{d\Phi}{dt} + K_\Sigma \Phi = K_\Sigma x_i \tag{2-21}$$

又因为

$$\Phi = \frac{2\pi}{L}\frac{z_2}{z_1}\frac{z_4}{z_3}x_o \tag{2-22}$$

因此，动力平衡关系可以写为

$$J_\Sigma \frac{d^2 x_o}{dt^2} + C' \frac{dx_o}{dt} + K_\Sigma x_o = \frac{z_1}{z_2}\frac{z_3}{z_4}\frac{L}{2\pi}K_\Sigma x_i \tag{2-23}$$

式(2-23)就是机床进给系统的数学模型,它是一个二阶线性微分方程。其中,J_Σ、C'、K_Σ 均为常数。通过对式(2-18)进行拉普拉斯变换,求得该系统的传递函数为

$$G(s)=\frac{x_o(s)}{x_i(s)}=\frac{\frac{z_1}{z_2}\frac{z_3}{z_4}\frac{L}{2\pi}K_\Sigma}{J_\Sigma s^2+C's+K_\Sigma}=\frac{z_1}{z_2}\frac{z_3}{z_4}\frac{L}{2\pi}\frac{\omega_n^2}{s^2+2\xi\omega_n s+\omega_n^2} \quad (2\text{-}24)$$

式中 ω_n——系统的固有频率,即

$$\omega_n=\sqrt{K_\Sigma/J_\Sigma} \quad (2\text{-}25)$$

ξ——系统的阻尼比,即

$$\xi=C'/(2\sqrt{J_\Sigma K_\Sigma}) \quad (2\text{-}26)$$

ω_n 和 ξ 是二阶系统的两个特征参量,它们是由惯量(质量)、摩擦阻力系数、弹性变形系数等结构参数决定的。对于电气系统,ω_n 和 ξ 则由 R、C、L 物理量组成,它们具有相似的特性。

将 $s=j\omega$ 代入式(2-24)可求出 $A(\omega)$ 和 $\Phi(\omega)$,即该机械传动系统的幅频特性和相频特性。由 $A(\omega)$ 和 $\Phi(\omega)$ 可以分析得到,系统输入/输出之间不同频率的输入(或干扰)信号对输出幅值和相位的影响,从而反映系统在不同精度要求状态下的工作频率和对不同频率干扰信号的衰减能力。

2.3.2 机械性能参数对系统性能的影响

机电一体化的机械系统要求精度高、运动平稳、工作可靠,这不是静态设计(机械传动和结构)所能完全解决的问题,而是要通过对机械传动部分与伺服电动机的动态特性进行分析,调节相关机械性能参数,达到优化系统性能的目的。

通过以上的分析可知,机械传动系统的性能与系统本身的阻尼比 ξ、固有频率 ω_n 有关。ω_n、ξ 又与机械系统的结构参数密切相关。因此,机械系统的结构参数对伺服系统性能有很大影响。

1. 阻尼的影响

一般的机械系统均可简化为二阶系统,系统中阻尼的影响可以由二阶系统单位阶跃响应曲线来说明。由图 2-13 可知,阻尼比不同的系统,其时间响应特性也不同。

(1) 当阻尼比 $\xi=0$ 时,系统处于等幅持续振荡状态,因此系统不能无阻尼。

(2) 当 $\xi \geqslant 1$ 时,系统为临界阻尼或过阻尼系统。此时过渡过程无振荡,但响应时间较长。

(3) 当 $0<\xi<1$ 时,系统为欠阻尼系统,此时,系统在过渡过程中处于减幅振荡状态,其幅值衰减的快慢,取决于衰减系数 ξ。在 ω_n 确定以后,ξ 越小,其振荡越剧烈,过渡过程就越长。相反,ξ 越大,则振荡越小,过渡过程越平稳,系统稳定性就越好,但响应时间较长,系统灵敏度降低。

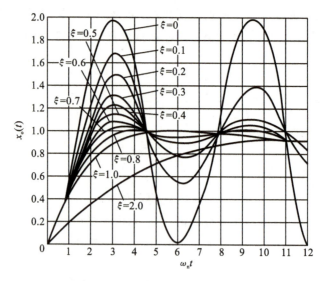

图 2-13 二阶系统单位阶跃响应曲线

因此,在系统设计时,应综合考虑其性能指标,一般取 $0.5<\xi<0.8$ 的欠阻尼系统,既能保证振荡在一定的范围内,过渡过程较平稳,过渡过程时间较短,又具有较高的灵敏度。

2. 摩擦的影响

当两物体产生相对运动或有运动趋势时,其接触面要产生摩擦。摩擦力可分为黏性摩擦力、库仑摩擦力和静摩擦力三种,方向均与运动趋势方向相反。

图 2-14 所示为三种摩擦力与物体运动速度之间的关系。当负载处于静止状态时,摩擦力为静摩擦力 F_s,其最大值发生在运动开始前的一瞬间;当运动一开始,静摩擦力即消失,此时摩擦力立即下降为动摩擦力(库仑摩擦力)F_c,库仑摩擦力是接触面对运动物体的阻力,为一常数;随着运动速度的增加,摩擦力成线性增加,此时摩擦

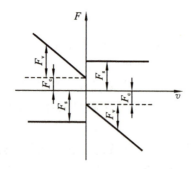

图 2-14 摩擦力-速度曲线

力为黏性摩擦力 F_v。由此可见,只有物体运动后的黏性摩擦力是线性的,而当物体静止时和刚开始运动时,其摩擦是非线性的。摩擦对伺服系统的影响主要有:引起动态滞后,降低系统的响应速度,导致系统误差和低速爬行。

在图 2-15 所示机械系统中,设系统弹簧的刚度为 K。如果系统开始处于静止状态,当输入轴以一定的角速度转动时,由于静摩擦力矩 T 的作用,在 $\theta_i \leqslant \left| \dfrac{T_s}{K} \right|$ 范围内,输出轴将不会运动,θ_i 值即为静摩擦引起的传动死区。在传动死区内,系统将在一段时间内对输入信号无响应,从而造成误差。

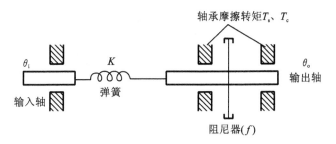

图 2-15　力传递与弹性变形示意图

当输入轴以恒速 Ω 继续运动,在 $\theta_i > \left| \dfrac{T_s}{K} \right|$ 后,输出轴也以恒速 Ω 运动,但始终滞后输入轴一个角度 θ_{ss},若黏性摩擦系数为 f,则有

$$\theta_{ss} = \dfrac{f\Omega}{K} + \dfrac{T_c}{K} \tag{2-27}$$

式中　$f\Omega/K$——黏性摩擦引起的动态滞后;

　　　T_s/K——库仑摩擦引起的动态滞后;

　　　θ_{ss}——系统的稳态误差。

由以上分析可知,当静摩擦力大于库仑摩擦力,且系统在低速运行(忽略黏性摩擦引起的滞后)时,在驱动力引起弹性变形的作用下,系统总是在启动与停止的交替变化之中运动,该现象称为低速爬行现象,低速爬行导致系统运行不稳定。爬行一般出现在某个临界转速以下,而在高速运行时并不出现。

设计机械系统时,应尽量减少静摩擦和降低动、静摩擦之差值,以提高系统的精度、稳定性和快速响应性。因此,机电一体化系统中,常常采用摩擦性能良好的塑料-金属滑动导轨,滚动导轨,滚珠丝杠,静、动压导轨,静、动压轴承,磁轴承等新型传动件和支承件,并进行良好的润滑。

此外,适当地增加系统的惯量 J 和黏性摩擦系数 f 也有利于改善低速爬行现象,但惯量增加将引起伺服系统响应性能的降低;增加黏性摩擦系数 f 也会增加系统的稳态误差,故设计时必须权衡利弊,妥善处理。

3. 弹性变形的影响

机械传动系统的结构弹性变形是引起系统不稳定和产生动态滞后的主要因素，稳定性是系统正常工作的首要条件。当伺服电动机带动机械负载按指令运动时，机械系统所有的元件都会因受力而产生不同程度的弹性变形。由式(2-25)、式(2-26)知，机械系统固有频率与系统的阻尼、惯量、摩擦、弹性变形等结构因素有关。当机械系统的固有频率接近或处于伺服系统带宽之中时，系统将产生谐振而无法工作。因此，为避免机械系统由于弹性变形而使整个伺服系统发生结构谐振，一般要求系统的固有频率 ω_n 远远高于伺服系统的工作频率。通常，采取提高系统刚度、增加阻尼、调整机械构件质量和自振频率等方法来提高系统抗振性，防止谐振的发生。

采用弹性模量高的材料，合理选择零件的截面形状和尺寸，对轴承、丝杠等支承件施加预加载荷等方法均可提高零件的刚度。在多级齿轮传动中，增大末级减速比可以有效提高末级输出轴的折算刚度。

另外，在不改变机械结构固有频率的情况下，通过增大阻尼也可以有效地抑制谐振。因此，许多机电一体化系统设有阻尼器，以使振荡迅速衰减。

4. 惯量的影响

转动惯量对伺服系统的精度、稳定性、动态响应都有影响。惯量大，系统的机械常数大，响应慢。由式(2-26)可以看出，惯量大，ξ 值将减小，从而使系统的振荡增强，稳定性下降；由式(2-25)可知，惯量大，会使系统的固有频率下降，容易产生谐振，因而限制了伺服带宽，影响了伺服精度和响应速度。惯量的适当增大只有在改善低速爬行时有利。因此，机械系统设计时，在不影响系统刚度的条件下，应尽量减小惯量。

2.3.3 传动间隙对系统性能的影响

机械系统中存在着许多间隙，如齿轮传动间隙，螺旋传动间隙等。这些间隙对伺服系统性能有很大影响，下面以齿轮间隙为例进行分析。

图 2-16 所示为一典型旋转工作台伺服系统框图。图中所用齿轮根据不同要求有不同的用途，G_1、G_3 用于传递信息，G_2、G_4 用于传递动力，G_2、G_3 在系统闭环之内，G_1、G_4 在系统闭环之外。由于它们在系统中的位置不同，其齿隙的影响也不同。

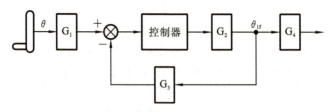

图 2-16 典型旋转工作台伺服系统框图

(1) 闭环之外的齿轮 G_1、G_4 的齿隙，对系统稳定性无影响，但对伺服精度有影响。齿隙的存在,在传动装置逆运行时造成回程误差,使输出轴与输入轴之间呈非线性关系,输出滞后于输入,影响系统的精度。

(2) 闭环之内传递动力的齿轮 G_2 的齿隙,对系统静态精度无影响,这是因为控制系统有自动校正作用。又由于齿轮副的啮合间隙会造成传动死区,若闭环系统的稳定裕度较小,则会使系统产生自激振荡,因此,闭环之内动力传递齿轮的齿隙对系统的稳定性有影响。

(3) 反馈回路上数据传递齿轮 G_3 的齿隙既影响系统稳定性,又影响系统精度。

因此,应尽量减小或消除间隙。目前,在机电一体化系统中,广泛采取各种机械消隙机构来消除齿轮副、螺旋副等传动副的间隙(相关内容在机械设计中已有讲解)。

2.4 机械系统的运动控制

机电一体化系统要求具有较高的响应速度。影响系统响应速度的因素除控制系统的信息处理速度和信息传输滞后外,机械系统的机械性能参数对系统的响应速度影响非常大。本节就机械系统的启动、制动过程进行详细的介绍。

2.4.1 机械传动系统的动力学原理

图 2-17 所示为带有制动装置的电动机驱动机械运动装置,图中 T 为电动机的驱动力矩(N·m),当加速时 M 为正值,减速时 M 为负值;J 为负载和电动机转子的转动惯量(kg·m^2);n 为轴的转速(r/min)。根据动力学平衡原理知

$$T = J \frac{d\omega}{dt} \tag{2-28}$$

若 T 为恒定时,可求得

$$\omega = \int \frac{T}{J} dt = \frac{T}{J} t + \omega_0 \tag{2-29}$$

当用转速 n 表示上式时,得

$$n = \frac{30T}{\pi J} t + n_0 \tag{2-30}$$

式(2-29)和式(2-30)中,ω_0 和 n_0 是初始转速。

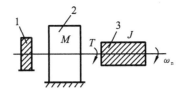

图 2-17 电动机驱动机械运动装置

1—制动器;2—电动机;3—负载

由式(2-30)即可求出加速或减速所需的时间：

$$t = \frac{\pi J(n-n_0)}{30T} \tag{2-31}$$

以上各式中，T 和 J 都是与时间无关的函数。但在实际问题中，例如，启动时电动机的输出力矩是变化的，机械手装置中转臂至回转轴的距离在回转时也是变化的，因而 J 也随之变化。若考虑力矩 T 与 J 是时间的函数，则

$$T = f_1(t), \quad J = f_2(t)$$

由(2-29)得

$$\frac{d\omega}{dt} = \frac{f_1(t)}{f_2(t)}$$

积分后得

$$\omega = \int \frac{f_1(t)}{f_2(t)} dt + \omega_0$$

或

$$n = \frac{30}{\pi} \int \frac{f_1(t)}{f_2(t)} dt + n_0 \tag{2-32}$$

2.4.2 机械系统的制动控制

机械系统的制动问题就是在一定时间内把机械装置减速至预定的速度或减速到停止时的相关问题。如机床的工作台停止时的定位精度就取决于制动控制的精度。

制动过程比较复杂，是一个动态过程，为了简化计算，以下近似地作为等减速运动来处理。

1. 制动力矩

当已知控制轴的速度(转速)、制动时间、负载力矩 M_L、装置的阻力矩 M_f 以及等效转动惯量 J 时，就可计算制动时所需的力矩。因负载力矩也起制动作用，所以也看成制动力矩。下面分析将某一控制轴的转速，在一定时间内由初速 n_0 减至预定的转速 n 的情况。由式(2-31)得

$$M_B + M_L + M_f = \frac{\pi J(n-n_0)}{30t}$$

即

$$M_B = \frac{\pi J(n-n_0)}{30t} - M_L - M_f \tag{2-33}$$

式中　M_B——控制轴设置的制动力矩($N \cdot m$)；

　　　t——制动控制时间(s)。

在式(2-33)中 M_L 与 M_f 均以其绝对值代入。若已知装置的机械效率 η 时，则可以通过效率反映阻力矩，即，$M_L + M_f = \dfrac{M_L}{\eta}$。于是式(2-33)可写成

$$M_B = \frac{\pi J}{30} \frac{n-n_0}{t} - \frac{M_L}{\eta} \tag{2-34}$$

2. 制动时间

机械装置在制动器选定后,就可计算减速到停止时所需要的时间。这时,制动力矩 M_B、等效负载力矩 M_L、等效摩擦阻力矩 M_f、装置的等效转动惯量 J 以及制动速度是已知条件。制动开始后,总的制动力矩为

$$\sum M_B = M_B + M_L + M_f \tag{2-35}$$

由式(2-33)、式(2-35)得

$$t = \frac{\pi J}{30} \frac{(n - n_0)}{\sum M_B} \tag{2-36}$$

3. 制动距离(制动转角)

开始制动后,工作台或转臂因其自身惯性作用,往往不是停在预定的位置上。为了提高运动部件停止的位置精度,设计时应确定制动距离及制动时间。

设控制轴转速为 n_0(r/min),直线运动速度为 v_0(m/min)。当装在控制轴上的制动器动作后,控制轴减速到 n(r/min),工作台速度降到 v(m/min),试求减速时间内总的转角和移动距离。

根据式(2-30)得

$$n = \frac{1}{60} \left\{ \frac{30t}{\pi J} \left(\sum M_B \right) + n_0 \right\}$$

式中,n 的单位为 r/s。以初速 n_0(r/min)转动的控制轴上作用有 $\sum M_B$ 的制动力矩,在时间 t(s)内转了 n_B 转,n_B 为

$$\begin{aligned} n_B &= \int_0^t n \mathrm{d}t = \frac{1}{60} \int_0^t \left[\frac{30t}{\pi J} \left(\sum M_B \right) + n_0 \right] \mathrm{d}t \\ &= \frac{1}{60} \left[\frac{30}{\pi J} \left(\sum M_B \right) \frac{t^2}{2} + n_0 t \right] \\ &= \frac{1}{60} \times \frac{1}{2} \left[\frac{30}{\pi J} \left(\sum M_B \right) t + 2 n_0 \right] t \end{aligned}$$

将式(2-36)代入上式,则有

$$n_B = \frac{1}{2} \frac{n + n_0}{60} t \tag{2-37}$$

将式(2-36)代入式(2-37)后得

$$n_B = \frac{\pi J}{3600} \frac{(n_0^2 - n^2)}{\sum M_B} \tag{2-38}$$

由式(2-38)可求出总回转角 φ_B(rad)为

$$\varphi_B = 2\pi n_B = \frac{\pi^2 J}{1\,800} \frac{(n_0^2 - n^2)}{\sum M_B} \tag{2-39}$$

用类似的方法可推导出有关直线运动的制动距离。设初速度为 v_0(m/min),终

速度为 v(m/min),制动时间为 t,且认为是匀减速制动,则制动距离 s_B 为

$$s_B = \frac{1}{2}\frac{v+v_0}{60}t \tag{2-40}$$

当 t 为未知值时,代入式(2-36)求得 s_B 为

$$s_B = \frac{\pi J}{3\,600}\frac{(v+v_0)(n-n_0)}{\sum M_B} \tag{2-41}$$

例 2-5 图 2-18 所示为一进给工作台。电动机 M、制动器 B、工作台 A、齿轮 $G_1 \sim G_4$,以及轴 1、2 的数据如表 2-1 所示。试求:

(1) 此装置换算至电动机轴的等效转动惯量;

(2) 设控制轴上制动器 B(M_B=50 N·m)动作后,希望工作台停止在所要求的位置上,试求制动器开始动作的位置(摩擦阻力矩可忽略不计);

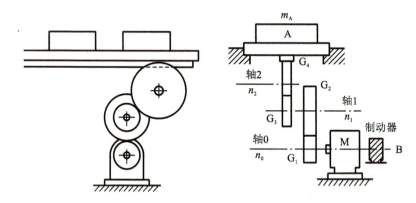

图 2-18 进给工作台

表 2-1 例 2-5 的参数表

	齿轮				轴		工作台	电动机	制动器
	G_1	G_2	G_3	G_4	1	2	A	M	B
v/(r/min)	720	180	180	102	100	102	90(m/min)	720	
J/(kg·m^2)	J_{G1}	J_{G2}	J_{G3}	J_{G4}	J_{S1}	J_{S2}	J_A	J_M	J_B
	0.0028	0.606	0.017	0.153	0.0008	0.0008		0.0403	0.0055

注:工作台质量(包括工件在内)m_A=300 kg。

(3) 设工作台导轨面摩擦系数 μ=0.05,此导轨面的滑动摩擦考虑在内时,工作台的制动距离变化多少?

解 (1) 等效转动惯量 该装置回转部分对轴 0 的等效转动惯量 $[J_1]_0$ 为

$$[J_1]_0 = J_M + J_B + J_{G1} + (J_{G2}+J_{G3}+J_{S1})\left(\frac{n_1}{n_0}\right)^2 + (J_{G4}+J_{S2})\left(\frac{n_2}{n_0}\right)^2$$

$$= \left[0.0403 + 0.0055 + 0.0028 + (0.606 + 0.017 + 0.0008) \times \left(\frac{180}{720}\right)^2 \right.$$
$$\left. + (0.153 + 0.0008) \times \left(\frac{102}{720}\right)^2 \right] \text{kg} \cdot \text{m}^2$$
$$= 0.0907 \text{ kg} \cdot \text{m}^2$$

装置的直线运动部分对轴0的等效转动惯量$[J_2]_0$为

$$[J_2]_0 = \frac{m_A v^2}{4\pi^2 n_0^2} = \frac{300 \times 90^2}{4\pi^2 \times 720^2} \text{ kg} \cdot \text{m}^2 = 0.1187 \text{ kg} \cdot \text{m}^2$$

因此,与装置的电动机轴有关的等效转动惯量为

$$[J]_0 = [J_1]_0 + [J_2]_0 = (0.0907 + 0.1187) \text{ kg} \cdot \text{m}^2 = 0.2094 \text{ kg} \cdot \text{m}^2$$

(2) 停止距离 停止距离可由式(2-41)求出,式中$n = 0, v = 0$,即

$$s = \frac{\pi [J]_0}{3600} \frac{v_0 n_0}{M_B} = \frac{\pi \times 0.2094}{3600} \frac{90 \times 720}{50} \text{ m} = 0.2369 \text{ m}$$

即停止位置之前236.9 mm时制动器应开始工作。

(3) 停止距离的变化 考虑工作台导轨间有摩擦力时,换算到电动机轴上的等效摩擦力矩M_f,可以从下式求得

$$[M_f]_0 = \mu m_A g \frac{v}{2\pi n_0} = 0.05 \times 300 \times 9.8 \times \frac{90}{2\pi \times 720} \text{ N} \cdot \text{m} = 2.9245 \text{ N} \cdot \text{m}$$

开始制动到停止运动时所移动的距离s_B,可从式(2-41)求出,即

$$s_B = \frac{\pi [J]_0}{3600} \frac{v n_0}{M_B + M_f} = \frac{0.2094 \pi}{3600} \times \frac{90 \times 720}{50 + 2.9245} \text{ m} = 0.2237 \text{ m}$$

所以,计入滑动部分摩擦力后的制动距离,比忽略摩擦力时的制动距离短13.2 mm。

2.4.3 机械系统的加速控制

在力学分析时,加速与减速的运动形态是相似的。但对于实际控制问题,由于驱动源一般使用电动机,而电动机的加速和减速特性有差异。此外,制动控制时把制动力矩当成常值,一般问题不大,而在加速控制时电动机的启动力矩并不一定是常值,所以加速控制的计算要复杂一些。

下面分别讨论加速力矩为常值和力矩随控制轴的转速变化而变化的两种情况。

1. 加速(启动)时间

计算加速时间分为加速力矩为常值和加速力矩随时间而变化的两种情况。计算时应知道加速力矩、等效负载力矩、等效摩擦阻力矩、装置的等效转动惯量以及转速(速度)。

(1) 加速力矩为常值的情况 设$[M_A]_i$为控制轴的净加速力矩(N·m),$[M_M]_i$为控制轴上电动机的加速力矩(N·m),则$[M_A]_i$可表示为

$$[M_A]_i = [M_M]_i - [M_L]_i - [M_f]_i \tag{2-42}$$

在概略计算时可用机械效率 η 来估算摩擦阻力矩,得
$$[M_A]_i = [M_M]_i - [M_L]_i / \eta \tag{2-43}$$
加速时间为
$$t = \frac{\pi [J]}{30} \frac{n - n_0}{[M_A]_i} \tag{2-44}$$
式中,n_0、n 为轴的初转速与加速后的转速(r/min)。

（2）加速力矩随时间而变化　为简化计算,一般先求出平均加速力矩再计算加速时间。计算平均加速力矩的方法有两种:一是把开始加速时的电动机输出力矩和最大电动机输出力矩的平均值作为平均加速力矩;或是根据电动机输出力矩-转速曲线和负载-转速曲线来求出平均加速力矩。

设 M_{M0} 为开始加速时的电动机输出力矩(N·m);M_{Mmax} 为加速时间内最大电动机输出力矩(N·m);M_{Lmax} 为加速时间内最大负载力矩(含阻力矩)(N·m);M_{Lmin} 为加速时间内最小负载力矩(含阻力矩)(N·m)。

平均加速力矩 M_{Mm} 和平均负载力矩 M_{Lm} 分别为
$$M_{Mm} = \frac{1}{2}(M_{M0} + M_{Mmax}) \tag{2-45}$$

$$M_{Lm} = \frac{1}{2}(M_{Lmin} + M_{Lmax}) \tag{2-46}$$

平均加速力矩 M'_{Mm} 可按下式求出,为区别 M_{Mm},记作 M'_{Mm},即
$$M'_{Mm} = M_{Mm} - M_{Lm}$$

电动机启动力矩特性曲线可以从样本上查到,也可用电流表测量电流来推定,当电动机电流一定时,电动机的启动力矩与电流成正比,即
$$\frac{启动电流}{标称电流} = \frac{启动力矩}{标称力矩}$$

根据测得的电流值的变化就可推定启动力矩-转速(时间)的特性曲线。

2. 加速距离

设控制轴的初转速为 n_0(r/min),直线运动部分的速度为 v_0(m/min)。当增速到转速为 n,速度为 v 时,求此时间内控制轴总转速 n_A、总回转角 φ_A 和移动距离 s_A。

当平均加速度力矩为一常数时,加速过程中的 n_A、φ_A 和 s_A 的公式与制动过程中的公式类似,加速时间内控制轴的总转速为
$$n_A = \frac{1}{60} \frac{30}{\pi [J]_i} M'_{Mm} \frac{t^2}{2} + n_0 t$$

或
$$n_A = \frac{1}{2} \frac{n + n_0}{60} t$$

借鉴式(2-44),消去 t 后得
$$n_A = \frac{\pi [J]_i}{3600} \frac{n^2 - n_0^2}{M'_{Mm}} \tag{2-47}$$

将 $M'_{Mm} = M_{Mm} - M_{Lm}$ 代入式(2-47)得

$$n_A = \frac{\pi [J]_i}{3\,600} \frac{n^2 - n_0^2}{M_{Mm} - M_{Lm}} \tag{2-48}$$

加速过程中轴的回转角 $\varphi_A = 2\pi n_A$，将式(2-48)代入得

$$\varphi_A = \frac{\pi^2 [J]_i}{1\,800} \frac{n^2 - n_0^2}{M_{Mm} - M_{Lm}} \tag{2-49}$$

式中，φ_A 的单位为 rad。

与制动过程类似，加速过程中移动距离 $s_A(\mathrm{m})$ 为

$$s_A = \frac{1}{2} \frac{v + v_0}{60} t$$

或

$$s_A = \frac{\pi [J]_i}{3\,600} \frac{(v + v_0)(n - n_0)}{M_{Mm} - M_{Lm}} \tag{2-50}$$

思 考 题

2-1 简述在机电一体化系统设计中，系统模型建立的意义。

2-2 机电一体化系统中，机械传动的功能是什么？

2-3 机电一体化系统的机械传动设计往往采用"负载角加速度最大原则"，为什么？

2-4 系统的稳定性是什么含义？

2-5 机械运动中的摩擦和阻尼会降低效率，但是设计中要适当选择其参数，而不是越小越好，为什么？

2-6 从系统的动态特性角度来分析：产品的组成零部件和装配精度高，但系统的精度并不一定就高的原因。

第3章 可编程控制器设计

【本章导读】 可编程控制器(programmable controller,简称 PC),为与个人计算机的简称 PC 相区别,用 PLC 表示。PLC 是在传统的顺序控制器的基础上引入了微电子技术、计算机技术、自动控制技术和通信技术而形成的一代新型工业控制装置,目的是用来取代继电器、执行逻辑、计时、计数等顺序控制功能,建立柔性的程控系统。它采用可编程的存储器,用来在其内部存储执行逻辑运算、顺序控制、定时、计数和算术运算等操作的指令,并通过数字的、模拟的输入和输出,控制各种类型的机械或生产过程。可编程控制器及其有关设备,都应按易于与工业控制系统形成一个整体,易于扩充其功能的原则设计。PLC 具有通用性强、使用方便、适应面广、可靠性高、抗干扰能力强、编程简单等特点。

3.1 PLC 的硬件结构及基本配置

一般来讲,PLC 分为箱体式和模块式两种。但它们的组成是相同的,对于箱体式 PLC,其组成有一块 CPU 板、I/O 板、显示面板、内存块、电源等,可按 CPU 性能分成若干型号,并按 I/O 点数又有若干规格。对于模块式 PLC,其组成有 CPU 模块、I/O 模块、内存、电源模块、底板或机架。无论哪种结构类型的 PLC,都属于总线式开放型结构,其 I/O 能力可按用户需要进行扩展与组合。PLC 硬件系统简化框图如图 3-1 所示。

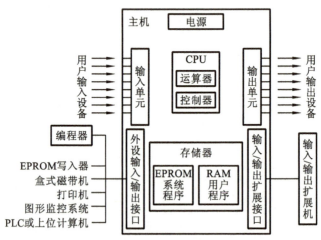

图 3-1 PLC 硬件系统简化框图

3.1.1 CPU 的构成

PLC 中的 CPU 是 PLC 的核心,起神经中枢的作用,每台 PLC 至少有一个 CPU,它按 PLC 的系统程序赋予的功能接收并存储用户程序和数据,用扫描的方式采集由现场输入装置送来的状态或数据,并存入规定的寄存器中,同时,诊断电源和 PLC 内部电路的工作状态和编程过程中的语法错误等。进入运行后,CPU 从用户程序存储器中逐条读取指令,经分析后再按指令规定的任务产生相应的控制信号,指挥有关的控制电路。

与通用计算机的 CPU 一样,PLC 中的 CPU 主要由运算器、控制器、寄存器及实现它们之间联系的数据、控制及状态总线构成,还有外围芯片、总线接口及有关电路。CPU 确定了进行控制的规模、工作速度、内存容量等。内存主要用于存储程序及数据,是 PLC 不可缺少的组成单元。

CPU 的控制器控制 CPU 工作,由它读取指令、解释指令及执行指令。但工作节奏由振荡信号控制。

CPU 的运算器用于进行数字或逻辑运算,在控制器指挥下工作。

CPU 的寄存器参与运算,并存储运算的中间结果,它也是在控制器指挥下工作。

CPU 虽然划分为以上几个部分,但 PLC 中的 CPU 芯片实际上就是微处理器,由于电路高度集成,对 CPU 内部的详细分析已无必要,只需弄清它在 PLC 中的功能与性能,能正确使用它就够了。

CPU 模块的外部表现就是其工作状态的各种显示、接口,设定及控制开关等。通常,CPU 模块应有相应的状态指示灯,如电源显示、运行显示、故障显示等。箱体式 PLC 的主箱体也有这些显示。CPU 的总线接口用于接 I/O 模板或底板,内存接口用于安装内存,外设口用于接外部设备,有的 CPU 还有通信口,用于进行通信。CPU 模块上还有许多设定开关,用在对 PLC 作设定,如设定起始工作方式、内存区等。

3.1.2 I/O 模块

PLC 的对外功能,主要是通过各种 I/O 接口模块与外界相联系来实现的。按 I/O 点数确定模块规格及数量,I/O 模块可多可少,但其最大数量受 CPU 所能管理的基本配置的能力,即受最大的底板或机架槽数限制。I/O 模块集成了 PLC 的 I/O 电路,其输入暂存器反映输入信号状态,输出点反映输出锁存器状态。

3.1.3 电源模块

有些 PLC 中的电源是与 CPU 模块合二为一的,有些是分开的,其主要用途是为 PLC 各模块的集成电路提供工作电源。同时,有的还为输入电路提供 24 V 的工作电源。电源以其输入类型分为：交流电源（接交流电压 220 V 或 110 V），直流电源（接直流电压，常用的为 24 V）。

3.1.4 底板或机架

大多数模块式 PLC 使用底板或机架，其作用是：电气上，实现各模块间的联系，使 CPU 能访问底板上的所有模块；机械上，实现各模块间的连接，使各模块构成一个整体。

3.1.5 PLC 的外部设备

外部设备是 PLC 系统不可分割的一部分，它有以下四大类。

（1）编程设备　有简易编程器和智能图形编程器，用于编程、对系统作一些设定、监控 PLC 及 PLC 所控制的系统的工作状况。编程器是 PLC 开发应用、监测运行、检查维护不可缺少的器件，但它不直接参与现场控制运行。

（2）监控设备　有数据监视器和图形监视器，直接监视数据或通过画面监视数据。

（3）存储设备　有存储卡、存储磁带、软磁盘或只读存储器，用于永久性地存储用户数据，使用户程序不丢失，如 EPROM、EEPROM 写入器等。

（4）输入/输出设备　用于接收信号或输出信号，一般有条码读入器、输入模拟量的电位器、打印机等。

3.1.6 PLC 的通信联网

PLC 具有通信联网的功能，它使 PLC 与 PLC 之间、PLC 与上位计算机及其他智能设备之间能够交换信息，形成一个统一的整体，实现分散集中控制。现在，几乎所有的 PLC 新产品都有通信联网功能，它和计算机一样具有 RS-232 接口，通过双绞线、同轴电缆或光缆，可以在几公里甚至几十公里的范围内交换信息。

当然，PLC 之间的通信网络是各厂家专用的。对于 PLC 与计算机之间的通信，一些生产厂家采用工业标准总线，并向标准通信协议靠拢，这将使不同机型的 PLC 之间、PLC 与计算机之间可以方便地进行通信与联网。

了解了 PLC 的基本结构，我们在购买程控器时就有了一个基本配置的概念，做到既经济又合理，尽可能发挥 PLC 所提供的最佳功能。

3.2 PLC 的软件组成

PLC 一般为用户提供以下几种继电器（以 FX2N 系列 PLC 为例）。

1. 输入继电器（X）

输入继电器（X）将现场信号输入 PLC，同时提供无限多个常开、常闭触点供用户编程使用。在程序中只有触点没有线圈,信号由外部信号驱动。编号采用八进制,分别为 X000~X007、X010~X017 等。

2. 输出继电器(Y)

输出继电器(Y)具备一对物理接点,可以串接在负载回路中,对应物理元件有继电器、晶闸管和晶体管。外部信号不能直接驱动,只能在程序中用指令驱动。编号采用八进制,分别为 Y000~Y007,Y010~Y017 等。

3. 内部继电器(M)

内部继电器(M)与外界没有直接联系,仅作运算的中间结果使用,有时也称为辅助继电器或中间继电器,它和输出继电器一样,只能由程序驱动。每个辅助继电器有无限多对常开、常闭触点,供编程使用。地址号按十进制分配,通用型辅助继电器有 M0~M499 共 500 点,保持型辅助继电器有 M500~M1023 共 524 点,特殊型辅助继电器有 M8000~M8255 共 256 点。

4. 逻辑部件

由图 3-1 可见,PLC 实质上是一种工业控制用的专用计算机。PLC 系统也是由硬件系统和软件系统两大部分组成。其软件主要包括以下几个逻辑部件。

1) 继电器逻辑

为适应电气控制的需要,PLC 为用户提供继电器逻辑,用逻辑与、或、非等逻辑运算来处理各种继电器的连接。PLC 内部存储单元有"1"和"0"两种状态,对应于"ON"和"OFF"两种状态。因此,PLC 中所说的继电器是一种逻辑概念的,而不是真正的继电器,有时称为"软继电器"。这些"软继电器"与通常的继电器相比有以下特点:

(1) 体积小、功耗低;
(2) 无触点、速度快、寿命长;
(3) 有无数个触点,使用中不必考虑接点的容量。

表 3-1 所示为 PLC 编程常用指令。

表 3-1 PLC 编程常用指令

分　类	助记符	英　文	指令用途	梯形图
常开触点连接指令	LD	Load	在左母线或副母线上加载常开触点	─┤├─
	AND	And	在电路右方串联常开触点	─┤├─┤├─
	OR	Or	向上方电路并联常开触点	─┤├─

续表

分　类	助记符	英　文	指　令　用　途	梯形图
派生连接指令	×××I	Inverse	连接常闭触点	─╂╂─
	×××P	Pulse	连接上升沿瞬间通断的边沿触点	─╂↑╂─
	×××F	Fall	连接下降沿瞬间通断的边沿触点	─╂↓╂─
触点块连接指令	ANB	And block	在电路右方串联触点块	
	ORB	Or block	向上方电路并联触点块	
驱动指令	OUT	Output	由触点的逻辑运算结果驱动线圈	─( )─
交替驱动	ALT	ALTeration	边沿触点控制该指令使继电器交替吸放	
置位与复位指令	SET	Setup	使继电器置位吸合并保持	─┤├─
	RST	Reset	使置位吸合的继电器释放复位	
区间复位	ZRST		使指定区间内的多个继电释放复位	
步进控制指令	STL	Setup line	加载置位的步进接点,形成副母线	
	RET	Reset	撤销副母线,恢复到左母线	
传送和转换指令	MOV	Movability	将元件中的 BIN 码(二进制数据)传送到若干组其他元件(每组 4 个)	─┤├─
	BCD	Binary Code Decimal	将元件中的 BIN 码转换成 BCD 码传送到若干组其他元件(每组 4 个)	

2) 定时器逻辑

PLC 一般采用硬件定时中断、软件计数的方法来实现定时逻辑功能。定时器一般包括以下几部分。

(1) 定时条件　控制定时器操作。

(2) 定时语句　指定所使用的定时器,给出定时设定值。

(3) 定时器的当前值　记录定时时间。

(4) 定时继电器　定时器达到设定的值时为"1"(ON)状态,未开始定时或定时未达到设定值时为"0"(OFF)状态。

定时器的逻辑功能如表 3-2 所示。

表 3-2 PLC 定时器的逻辑功能

定时条件	定时器		定时继电器
	当前值	操作	
OFF	等于设定值	不操作	OFF
ON	≠0	计时	OFF
ON	=0	不操作	ON

3) 定时器 T

(1) 功能 该元件是定时用的,范围为 0.001～32.767 s(1 ms 定时器)、0.01～327.67 s(10 ms 定时器)、0.1～3 276.7 s(100 ms 定时器)。元件范围按十进制分配如下。

T246～T249:1 ms 定时器。

T200～T245:10 ms 定时器。

T0～T199:100 ms 定时器。

(2) 举例。

① 梯形图:如图 3-2 所示。

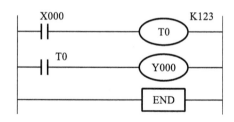

图 3-2 定时器举例说明

② 程序清单如下。

LD   X000
OUT T0 K123
LD   T0
OUT Y000
END

③ 波形图:如图 3-3 所示。

4) 计数器逻辑

PLC 为用户提供了若干计数器,它们是由软件来实现的,一般采用递减计数,一个计数器有以下几个内容:

(1) 计数器的复位信号 R;

图 3-3 定时器波形图

(2) 计数器的计数信号(CP 单位脉冲);

(3) 计数器设定值的记忆单元;

(4) 计数器当前计数值单元;

(5) 计数继电器,计数器计数达到设定值时为 ON,复位或未到计数设定值时为 OFF。

PLC 计数继电器逻辑功能如表 3-3 所示。

表 3-3　PLC 计数继电器逻辑功能

复位信号 R	移位信号 CP	计　数　器		计数继电器
		当前值	操作	
ON	X(任意值)	等于设定值	不计数	OFF
OFF	由 OFF 变为 ON	≠0	"−1"	OFF
		=0	不计数	ON
	由 ON 变为 OFF	不变	不计数	不变

5) 计数器 C

(1) 功能　该元件完成记数功能。内部计数用 16 位向上计数器(1~32 767),计数旋转编码器的输出等用 32 位高速(向上、向下)计数器(−2 147 483 648~+2 147 483 647)。该元件范围按十进制分配如下。

16 位向上计数器的分配为

C0~C99:一般用(非停电保持)。

C100~C199:保存用(停电保持)。

32 位向上、向下高速计数器的分配为

C200~C219:一般用(非停电保持)。

C220~C234:保存用(停电保持)。

(2) 举例。

① 梯形图:如图 3-4 所示。

② 程序清单如下。

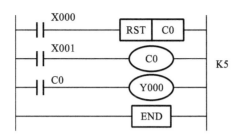

图 3-4 计数器应用举例

```
LD    X000
RST   C0
LD    X001
OUT   C0   K5
LD    C0
OUT   Y000
      END
```

③ 波形图：如图 3-5 所示。

PLC 除能进行位运算外，还能进行字运算。PLC 为用户提供了若干个数据寄存器，以存储有效数据。

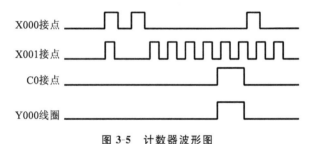

图 3-5 计数器波形图

3.3 PLC 的工作原理

任何一种继电器控制系统都是由三个部分组成的，即输入部分、逻辑部分和输出部分。其中输入部分是指各类按钮、开关等；逻辑部分是指由各种继电器及其触点组成的实现一定逻辑功能的控制线路；输出部分是指各种电磁阀线圈，接通电动机的各种接触器以及信号指示灯等执行电器。图 3-6 所示为一种简单的继电器控制系统。

图中 X1、X2 是两个按钮开关，Y1、Y2 是两个继电器，T1 是时间继电器。其工作过程为：当 X1、X2 任何一个按钮按下，线圈 Y1 接通，Y1 的常开触点闭合，指示灯红灯亮。此时时间继电器 T1 同时接通并开始延时，当延时到 2 s 后，线圈 Y2 接通，常开触点闭合，绿灯亮。

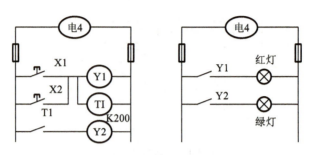

图 3-6 指示灯控制线

从上面这个例子可知,继电器控制系统是根据各种输入条件去执行逻辑控制线路的,这些逻辑控制线路是根据控制对象的需要以某种固定的线路连接好的,所以不能灵活变更。

与继电器控制系统类似,PLC 也是由输入部分、逻辑部分和输出部分组成,如图 3-7 所示。

图 3-7 PLC 的组成

PLC 各部分的主要作用如下。

(1) 输入部分　收集并保存被控对象实际运行的数据的信息(被控对象上的各种开关量信息或操作命令等)。

(2) 逻辑部分　处理输入部分所取得的信息,并按照被控对象的实际动作要求正确地反应。

(3) 输出部分　为正在被控制的装置中,提供哪几个设备需要实施操作处理的信息。

用户程序通过编程器或其他输入设备输入,并存放在 PLC 的用户存储器中。当 PLC 开始运行时,CPU 根据系统监控程序的规定顺序,通过扫描,完成各输入点的状态采集或输入数据采集、用户程序的执行、各输出点状态更新、编程器键入响应和显示更新及 CPU 自检等功能。

PLC 扫描既可按固定的程序进行,也可按用户程序规定的可变顺序进行。

PLC 采用集中采样、集中输出的工作方式,减少了外界干扰的影响。

根据以上分析,可以把 PLC 的工作过程分为三个阶段,即输入采样阶段、程序执行阶段和输出刷新阶段。

3.3.1　输入采样阶段

PLC 在输入采样阶段,首先扫描所有输入端子,并将各输入数据存入内存中对应的输入映像寄存器。此时,输入映像寄存器被刷新。接着进入程序执行阶段,在程序执行阶段或输出阶段,输入映像寄存器与外界隔离,无论信号如何变化,其内容保持不变,直到下一个扫描周期的输入采样阶段,才重新写入输入端的新内容。

3.3.2 程序执行阶段

根据 PLC 的程序扫描原则,PLC 按先左后右,先上后下的步序语句逐句扫描。当指令涉及输入、输出状态时,PLC 从输入映像寄存器中"读入"对应输入映像寄存器的当前状态,然后进行相应的运算,运算结果再存入元件映像寄存器中。对元件映像寄存器来说,每一个元件会随着程序执行过程的变化而变化。

3.3.3 输出刷新阶段

在所有指令执行完毕后,输出映像寄存器中所有输出继电器的状态在输出刷新阶段转存到输出锁存寄存器中,通过一定方式输出,驱动外部负载。采用集中采样,集中输出工作方式的特点是:在采样周期中,将所有输入信号(不管该信号当时是否采用)一起读入,此后在整个程序处理过程中 PLC 系统与外界隔离,直到输出控制信号到下一个工作周期再与外界交涉为止。这从根本上提高了系统的抗干扰能力和工作的可靠性。

3.3.4 PLC 在输入/输出的处理方面必须遵循的原则

(1) 输入映像寄存器的数据,取决于输入端子板上各输入端子在上一个周期间的接通、断开状态。
(2) 程序如何执行取决于用户所编程序和输入/输出映像寄存器的内容。
(3) 输出映像寄存器的数据取决于输出指令的执行结果。
(4) 输出锁存器中的数据,由上一次输出刷新期间输出映像寄存器中数据决定。
(5) 输出端子的接通/断开状态,由输出锁存器决定。

3.4 PLC 的编程语言

3.4.1 梯形图编程

梯形图编程(ladder programming)有时又称继电器形逻辑图编程。它与以往的继电器控制线路十分接近,是当今使用最广泛的 PLC 编程方法,我们将在介绍基本指令应用中作详细介绍。

如图 3-8 所示为典型梯形图,两边垂直的线称为母线,在母线之间通过串并(与、非)关系构成一定的逻辑关系。PLC 中还有一个关键的概念"能流"(power plow)。这仅仅是概念上的能流。如图 3-8 所示,把梯形图中左边的母线假想为电源的"火

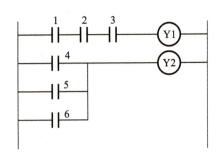

图 3-8 典型梯形图

线",右边的母线假想为"零线"。如果有"能流",则从左至右流向线圈,线圈被激励;否则,线圈未被激励。母线中是否有"能流"流过,即线圈能否被激励,主要取决于母线的逻辑线路是否接通。

应该强调的是,"能流"仅仅是假想的,便于理解梯形图各输出点动作的概念,并非实际存在的。

3.4.2 功能图编程

功能图编程(function chart programming)是一种较新的编程方法。它的作用是用功能图来表达一个顺序控制过程。我们将在以后的章节中详细介绍这种方法。目前,国际电工委员会(IEC)也正在实施发展这种编程方法。如图 3-9 所示为功能图编程实例,这是一个顺序钻孔的例子,方框中的数字表示顺序步,每个顺序步的步进条件以及每步执行的功能可以写在方框右边。

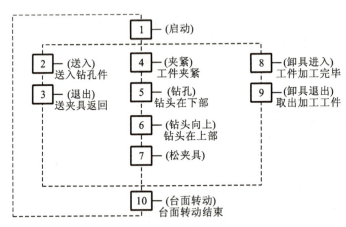

图 3-9 功能图编程实例

3.4.3 布尔逻辑编程

布尔逻辑编程(boolean logic programming)的逻辑包括"与"(AND)、"或"(OR)、"非"(NOT)以及定时器、计数器、触发器等。

上述三种编程语言都有其自身的特点。读者可以根据具体的控制要求和自身的熟练程度正确合理选用。目前，梯形图编程和功能图编程应用比较普遍，而布尔逻辑编程的应用则比较少。

随着 IBM 计算机与 PLC 的结合使用，已经开始使用高级语言来编程了。读者若有兴趣，可以自行研究，在这里就不作说明了。

总之，PLC 是由三部分组成的：输入部分、逻辑部分、输出部分。PLC 的逻辑部分是 PLC 的关键，提供了各种逻辑部件，同时提供了组合这些逻辑部件的编程语言。PLC 将各种输入信号采集到 PLC 内部之后，根据编程语言所组合的控制逻辑来执行规定的输出。

3.5 PLC 控制与微型计算机控制、继电器控制的区别

3.5.1 PLC 控制与微机控制的区别

简言之，微型计算机(MC)是通用的专用机，而 PLC 是专用的通用机。

微型计算机(简称微机)是在以往计算机与大规模集成电路的基础上发展起来的，其最大特点是运算速度快，功能强，应用范围广，在科学计算，科学管理和工业控制中都得到广泛应用。所以说，MC 是通用计算机。而 PLC 是一种为适应工业控制环境而设计的专用计算机。但从工业控制的角度来看，PLC 又是一种通用机，只要选配对应的模块，PLC 便可适用于各种工业控制系统，而用户只需改变用户程序即可满足工业控制系统的具体控制要求。而 MC 就必须根据实际需要考虑抗干扰问题及硬件、软件的设计，以适应设备控制的专门需要，所以说 MC 是通用的专用机。

基于以上理解，便可以得出 MC 与 PLC 具有以下几点区别。

(1) PLC 抗干扰性能比 MC 高。

(2) PLC 比 MC 编程简单。

(3) PLC 设计调试周期短。

(4) PLC 的 I/O 响应速度慢，有较大的滞后现象(MS)，而 MC 的响应速度快(US)。

(5) PLC 易于操作，人员培训时间短，而 MC 则较难操作，人员培训时间长。

(6) PLC 易于维修，MC 则较困难。

随着 PLC 技术的发展，其功能越来越强大；同时 MC 也逐渐提高和改进，两者之间将相互渗透，使 PLC 与 MC 的差距越来越小，在今后很长一段时间内，两者将继续

共存。在一个控制系统中,PLC 将集中于功能控制上,而 MC 将集中于信息处理上。

3.5.2 PLC 控制与继电器控制的区别

在 PLC 的编程语言中,梯形图是使用最为广泛的语言,通过 PLC 的指令系统将梯形图变成 PLC 能接受的程序,由编程器键入到 PLC 用户存储区去。而梯形图与继电器控制原理图十分相似,主要原因是 PLC 梯形图的发明大致上沿用用户继电器控制电路的元件符号,仅个别处有些不同。

PLC 与继电器控制的主要区别有以下几点。

(1) 组成器件不同　继电器控制线路是由许多真正的硬件继电器组成的。而 PLC 是由许多"软继电器"组成的,这些软"软继电器"实际上是存储器中的触发器,可以置"0"或置"1"。

(2) 触点的数量不同　硬继电器的触点数有限,一般只有 4 至 8 对;而"软继电器"可供编程的触点数有无限对,因为触发器状态可取用任意次。

(3) 控制方法不同　继电器控制是通过元件之间的接线来实现的,其控制功能就固定在线路中了,因此功能专一,不灵活;而 PLC 控制是通过软件编程来解决的,只要程序改变,功能可跟着改变,控制很灵活。又因 PLC 是通过循环扫描工作的,不存在继电器控制线路中的连锁与互锁电路,控制设计大大简化了。

(4) 工作方式不同　在继电器控制线路中,当电源接通时,线路中各继电器都处于受制约状态,该合的合,该断的断。而在 PLC 的梯形图中,各"软继电器"都处于周期性循环扫描接通中,从客观上看,每个"软继电器"受条件制约,接通时间是短暂的。也就是说,继电器控制的工作方式是并行的,而 PLC 的工作方式是串行的。

3.6 PLC 的型号说明

国内 PLC 市场上,PLC 品牌及型号众多,网络推广形式千篇一律,消费者认识 PLC 产品的渠道相对单一,相关资料获取不易且不全,相关资料说明过于专业性,导致广大消费者对 PLC 产品认知不深,选择时往往无从下手。

FX 系列 PLC 的型号可供用户选用的子系列很多,其型号名称基本含义如下。

FX $\underline{□□}$-$\underline{□□□□}$-$\underline{□}$
　　① 　② ③④ 　⑤

① 子系列序号:即 FX0,FX1,FX 2,FX0S,FX1S,FX 2N,FX2C,FX0N,FX1N 和 FX2N。

② 输入、输出的总点数:10～128 点。

③ 单元类型:

M——基本单元;

E——输入/输出混合扩展单元及扩展模块;

EX——输入专用扩展模块;

EY——输出专用扩展模块。

④ 输出形式:

R——继电器输出;

T——晶体管输出;

S——晶闸管输出。

⑤ 电源形式:

D——DC24V 电源,24VDC 输入;

无标记为 AC 电源或 24V 直流输入。

FX 系列的基本单元有五种类型,其输入/输出点数的分配如表 3-4 所示。

表 3-4 FX 系列输出点数的分配

类 型	输 入 点	输 出 点
FX-12MR	6	6
FX-20MR	12	6
FX-30MR	16	14
FX-40MR	24	16
FX-60MR	36	24

FX 系列有四种扩展单元,它不能单独使用,仅仅只能与主机单元相连接使用,作为主机单元输入/输出点数的扩充。通过不同单元加上不同扩展单元相连使用,可以方便地构成 12~120 点输入/输出的控制系统,以适应不同的工业控制需要。

3.7 PLC 的仿真软件说明

3.7.1 几种 PLC 仿真软件

仿真软件的功能就是将编写好的程序在电脑中虚拟运行,如果没有编好的程序,是无法进行仿真的。首先,在安装仿真软件之前,必须先安装编程软件。为方便高效解决工程实际问题,一些 PLC 生产厂家提供了可代替 PLC 硬件调试的仿真软件,本节主要列举几种 PLC 类型的仿真软件。

1. 西门子系列 PLC

西门子股份公司(SIEMENS AG FWB:SIE, NYSE:SI)是世界最大的机电类公司之一,1847 年由维尔纳·冯·西门子建立。西门子 SIAMTIC 模块化控制器有着很大的优势,它可以即买即用,长期兼容性和可用性好,可以在恶劣环境下工作,模块还可以扩展和升级。西门子产品具体优良的抗振性,通过集中式和分布式 I/O 控制。近年来,西门子很有力地打进中国市场并牢牢扎根,这与西门子产品的质量和性能有着很大的关系。其中较常见的产品就有 S7-200、S7-300、S7-400、S7-1000 等,以及西门子编程仿真软件 STEP7 MicroWIN、WinCC V6.2 简体中文版、WinCC Flexible SP2 中文版等。

2. 三菱系列 PLC

三菱 PLC 英文名称为 Mitsubish Power Line Communication,是三菱电机在大连生产的主力产品。三菱 PLC 在中国市场常见的型号有：FR-FX1N、FR-FX1S、FR-FX2N、FR-FX3U、FR-FX2NC、FR-A、FR-Q 等。三菱 PLC 编程软件有 GX Developer 8.86 中文版、仿真软件 GX-Simulator6 等。

3. 欧姆龙 PLC

欧姆龙 PLC 是一种功能完善的紧凑型 PLC,它具有通过各种高级内装板进行升级的能力,以及大程序容量和存储器单元,Windows 环境下高效的软件开发能力。欧姆龙 PLC 也能用于包装系统,并支持 HACCP(寄生脉冲分析关键控制点)过程处理标准。欧姆龙 PLC 包括微型机、中型机、大中型机三种。欧姆龙 PLC 典型编程仿真软件有 CX-ONE 4.2 (CX-Programmer V 9.3)中文版等。

4. 施耐德 PLC

施耐德 PLC 主要有原 Modicon 旗下的 Quantum、Compact（已停产）、Momentum 等系列,编程软件是 Concept；而 TE 旗下的 Premium、Micro 系列则使用 PL7 Pro。

施耐德在整合了 Modicon 和 TE 品牌的自动化产品后,将 Unity Pro 软件作为未来中高端 PLC 的统一平台。支持 Quantum、Premium 和 M340 三个系列。至于 Momentum 和 Micro,它们作为成熟产品未来不会再有多大的改进,所以会继续沿用原来的软件平台。小型的 Twido 系列使用 TwidoSoft 软件(有中文版本,国外已经开始使用 TwidoSuit,不过估计短时间内还不会引入中国进行汉化翻译),至于逻辑控制器 Zelio Logic 的编程软件 ZelioSoft 已经推出中文版了。施耐德 PLC 典型编程仿真软件为 Unity Pro XL,Unity Pro 是用于 Premium、Atrium 和 Quantum PLC 的通用 IEC61131-3 编程、调试和运行软件包。

3.7.2 WinCC 简介

WinCC 基于组态软件的仿真系统实现的原理,用于 PLC 内部各种继电器的状态与组态软件数据库中数据的链接,以及该数据与计算机界面上图形对象的链接。PLC 控制系统实际输出控制时,是通过输出继电器 Y 和输出模块去驱动外部执行机构的,外界的控制信号和反馈信号通过输入继电器 X 进入 PLC 内部。

从面市伊始,用户就对 SIMATIC WinCC(Windows control center)印象深刻。一方面,是其高水平的创新,它使用户在早期就认识到即将到来的发展趋势并予以实现；另一方面,是其基于标准的长期产品策略,可确保用户的投资利益。

基于这种战略思想,WinCC 这一运行于 Microsoft Windows 2000 和 XP 下的

Windows 控制中心,已发展成为欧洲市场中的领导者,乃至业界遵循的标准。如果你想使设备和机器最优化运行,如果想最大程度地提高工厂的可用性和生产效率,WinCC 是上乘之选。

3.7.3　WinCC Flexible

WinCC Flexible 是德国西门子公司工业全集成自动化(TIA)的子产品,是一款面向机器的自动化概念的 HMI 软件。WinCC Flexible 用于组态用户界面,以操作和监视机器与设备,提供了对面向解决方案概念的组态任务的支持。WinCC Flexible 与 WinCC 十分类似,都是组态软件,而前者基于触摸屏,后者基于工控机。

在工艺过程日趋复杂,对机器和设备功能的要求不断增加的环境中,获得最大的透明性对操作员来说至关重要。人机界面(HMI)提供了这种透明性。HMI 是人(操作员)与过程(机器/设备)之间的接口。PLC 是控制过程的实际单元。因此,在操作员和 WinCC Flexible(位于 HMI 设备端)之间以及 WinCC Flexible 和 PLC 之间均存在一个接口。

SIMATIC HMI 提供了一个全集成的单源系统,用于各种形式的操作员监控任务。使用 SIMATIC HMI 可以始终控制过程并使机器和设备持续运行。

SIMATIC WinCC 是一种复杂的 SCADA(数据采集与监控)系统,能高效控制自动化过程。而 SIMATIC WinCC Flexible 是已经通过现场证明的 ProTool 系列的延续产品,它提供了简单组态操作面板,可显著提高组态效率,但其可扩展性不如 SIMATIC WinCC。

3.7.4　S 系列西门子 PLC

西门子 SIMATIC 系列 PLC 诞生于 1958 年,经历了 C3、S3、S5、S7 系列,已成为应用非常广泛的可编程控制器。近年来,中国自动化前进之路一直有西门子自动化系列产品相伴。

1. 分类

德国西门子(SIEMENS)公司生产的可编程控制器在我国的应用相当广泛,在冶金、化工、印刷生产线等领域都有应用。西门子公司的 PLC 产品包括 LOGO,S7-200,S7-300,S7-400,工业网络,HMI 人机界面,工业软件等。西门子 S7 系列 PLC 体积小、速度快、标准化程度高,具有网络通信能力,功能更强,可靠性更高。S7 系列 PLC 产品可分为微型 PLC(如 S7-200),小规模性能要求的 PLC(如 S7-300)和中、高性能要求的 PLC(如 S7-400)等大、中、小(微)三个子系列。

(1) SIMATIC S7-200 PLC　S7-200 PLC 是超小型化的 PLC,它适用于各行各业,各种场合中的自动检测、监测及控制等。S7-200 PLC 的强大功能,使其无论单机运行还是连成网络,都能实现复杂的控制功能。S7-200PLC 可提供 4 个不同的基本型号与 8 种 CPU 供选择使用。

(2) SIMATIC S7-300 PLC　S7-300 PLC 是模块化小型 PLC 系统,能满足中等性能要求的应用。各种单独的模块之间可进行广泛组合构成不同要求的系统。与 S7-200 PLC 比较,S7-300 PLC 采用模块化结构,具备高速(0.6～0.1 μs)的指令运算速度;用浮点数运算比较有效地实现了更为复杂的算术运算;一个带标准用户接口的软件工具方便用户给所有模块进行参数赋值;方便的人机界面服务已经集成在 S7-300 操作系统内,人机对话的编程要求大大减少。SIMATIC 人机界面(HMI)从 S7-300 中取得数据,S7-300 按用户指定的刷新速度传送这些数据。S7-300 操作系统自动地处理数据的传送;CPU 智能化的诊断系统连续监控系统的功能是否正常、记录错误和特殊系统事件(如超时、模块更换等);多级口令保护可以使用户高度、有效地保护其技术机密,防止未经允许的复制和修改;S7-300 PLC 设有操作方式选择开关,操作方式选择开关像钥匙一样可以拔出,当钥匙拔出时,就不能改变操作方式,这样,就可防止非法删除或改写用户程序。S7-300 PLC 具备强大的通信功能,可通过编程软件 Step 7 的用户界面提供通信组态功能,这使得组态非常容易、简单。S7-300 PLC 具有多种不同的通信接口,并通过多种通信处理器来连接 AS-I 总线接口和工业以太网总线系统;串行通信处理器用来连接点到点的通信系统;多点接口(MPI)集成在 CPU 中,用于同时连接编程器、PC 机、人机界面系统及其他 SIMATIC S7/M7/C7 等自动化控制系统。

(3) SIMATIC S7-400 PLC　S7-400 PLC 是用于中、高档性能范围的可编程序控制器。S7-400 PLC 采用模块化无风扇的设计,可靠耐用,同时可以选用多种级别(功能逐步升级)的 CPU,并配有多种通用功能的模板,这使用户能根据需要组合成不同的专用系统。当控制系统规模扩大或升级时,只要适当地增加一些模板,便能使系统升级和充分满足需要。

2. 工业通信网络

通信网络是自动化系统的支柱,西门子的全集成自动化网络平台提供了从控制级到现场级的一致性通信,"SIMATIC NET"是全部网络系列产品的总称,它们能在工厂的不同部门,在不同的自动化站以及通过不同的级交换数据,有标准的接口并且相互之间完全兼容。

3. 人机界面硬件

人机界面(HMI)硬件配合 PLC 使用,为用户提供数据、图形和事件显示,主要有文本操作面板 TD200(可显示中文)、OP3,OP7,OP17 等;图形/文本操作面板 OP27、OP37 等;触摸屏操作面板 TP7、TP27/37、TP170A/B 等;SIMATIC 面板型 PC670 等。个人计算机(PC)也可以作为 HMI 硬件使用。HMI 硬件需要经过软件(如 ProTool)组态才能配合 PLC 使用。ProTool 已停产,其替代为 Wincc flexible 软件。

4. SIMATIC S7 工业软件

西门子的工业软件分为三类。

(1) 编程和工程工具　编程和工程工具包括所有基于 PLC 或 PC 的用于编程、组态、模拟和维护等控制所需的工具。STEP 7 标准软件包 SIMATIC S7 是用于 S7-300/400、C7 PLC 和 SIMATIC WinAC 的基于 PC 控制产品的组态编程和维护的项目管理工具，STEP 7-Micro/WIN 是在 Windows 平台上运行的 S7-200 系列 PLC 的编程、在线仿真软件。

(2) 基于 PC 的控制软件　基于 PC 的控制系统 WinAC 允许使用个人计算机作为可编程序控制器(PLC)运行用户的程序，运行在安装了 Windows NT4.0 操作系统的 SIMATIC 工控机或其他任何商用机。WinAC 提供两种 PLC：一种是软件 PLC，在用户计算机上作为视窗任务运行；另一种是插槽 PLC(在用户计算机上安装一个 PC 卡)，它具有硬件 PLC 的全部功能。WinAC 与 SIMATIC S7 系列处理器完全兼容，其编程采用统一的 SIMATIC 编程工具(如 STEP7)，编制的程序既可运行在 WinAC 上，也可运行在 S7 系列处理器上。

(3) 人机界面软件　人机界面软件为用户自动化项目提供人机界面(HMI)或 SCADA 系统，支持大范围的平台。人机界面软件有两种，一种是应用于机器级的 ProTool，另一种是应用于监控级的 WinCC。ProTool 适用于大部分 HMI 硬件的组态，从操作员面板到标准 PC 都可以用集成在 STEP 7 中的 ProTool 有效地完成组态。ProTool/lite 用于文本显示的组态，如：OP3、OP7、OP17、TD17 等。ProTool/Pro 用于组态标准 PC 和所有西门子 HMI 产品，ProTool/Pro 不只是组态软件，其运行版也用于 Windows 平台的监控系统。WinCC 是一个真正开放的，面向监控与数据采集的 SCADA(Supervisory Control and Data Acquisition)软件，可在任何标准 PC 上运行。WinCC 操作简单，系统可靠性高，与 STEP 7 功能集成，可直接进入 PLC 的硬件故障系统，节省项目开发时间。它的设计适合于广泛的应用，可以连接到已存在的自动化环境中，有大量的通信接口和全面的过程信息和数据处理能力，其最新的 WinCC5.0 支持在办公室通过 IE 浏览器动态监控生产过程。

对于西门子的 PLC，大家都能说出那些耳熟能详的型号 S7-200/300/400，但是可能大家并不知道这些产品并非所有都是西门子的德国"血统"，S7-300/400 采用的是 STEP7 编程，而 S7-200 则是采用 STEP7Micro/win 编程，曾经有很多人都叹息过，熟悉了 S7-300 产品之后再去学习 S7-200 产品，仿佛换了一个公司产品一样而需要从头学起，反之亦然。这是为什么呢？这就是因为 S7-200 产品是西门子利用收购的一家美国公司开发的软件和产品，是为了能够争夺 PLC 的低端市场而整合上市的。相信大家也能看出来 S7-200 的编程模式和 SM 特殊寄存器设置都能够找到一些美式、日式 PLC 编程模式的痕迹，而西门子也一直寻找合适的时机开发属于德国"血统"的低端 PLC 产品，就在 2009 年 S7-1200 这款产品应运而生，S7-1200 并非是 S7-

200 的一个简单的升级,因为它确实不是升级而是替代,我们有信心预测,这款产品将会在未来几年的自动化市场上处处开花。有关 S7-1200 的市场定位与产品特性请参阅相关书籍学习。

思 考 题

3-1 PLC 的硬件由哪几部分组成？简述每部分的作用。
3-2 PLC 的存储器由哪几部分组成？每部分的作用是什么？
3-3 在 PLC 中,一般用什么做 CPU？CPU 的功能有哪些？
3-4 常见的 PLC 输出模块一般有哪几种输出形式？
3-5 简述 PLC 的工作原理,并说明它与常规继电接触器控制的不同之处。
3-6 PLC 常用的编程语言及输出方式有哪些？
3-7 S7 家族系列 PLC 分哪几个子系列？目前是否有新成员出现？
3-8 S7 家族系列新成员 S7-1200 是否是 S7-200 的一个简单的升级？

第 4 章 单片机 AT89C(S)5X 系统技术

【本章导读】 在众多的衍生机型中，ATMEL 公司的 AT89C5X/AT89S5X 系列，尤其是 AT89C51/AT89S51 和 AT89C52/AT89S52，在 8 位单片机市场中占有较大的市场份额。ATMEL 公司的技术优势是闪烁(Flash)存储器技术，它将 Flash 技术与 80C51 内核相结合，形成了片内带有 Flash 存储器的 AT89C5X/AT89S5X 系列单片机。AT89C51 是一种带 4K 字节的 Flash 存储器 (FPEROM-flash programmable and erasable read only memory)的低电压、高性能 CMOS 8 位微处理器，是可擦除只读存储器，可以反复擦除 1 000 次。该器件采用 ATMEL 高密度非易失存储器制造技术制造，与工业标准的 MCS-51 指令集和输出管脚相兼容。由于它将多功能 8 位 CPU 和闪烁存储器组合在单个芯片中，所以，AT89C51 是一种高效微型控制器，为很多嵌入式控制系统提供了一种灵活性高且价廉的方案。

4.1 AT89C51 单片机的结构

AT89 系列单片机在结构上基本相同，只是个别模块和功能上有些区别。图 4-1 所示为 AT89C51 单片机的内部结构框图。它包含了作为微型计算机所必需的基本功能部件，各功能部件通过片内单一总线连成一个整体，集成在一块芯片上。

4.1.1 中央处理器

中央处理器(CPU)是单片机内部的核心部件，是一个 8 位二进制数的中央处理单元，主要由运算器、控制器和寄存器阵列构成。

1. 运算器

运算器用来完成算术运算和逻辑运算，它是 AT89C51 内部处理各种信息的主要部件。运算器主要由算术逻辑单元(ALU)、累加器(ACC)、暂存寄存器(TMP1、TMP2)和状态寄存器(PSW)组成。

(1) 算术逻辑单元(ALU) AT89C51 中的 ALU 由加法器和一个布尔处理器组成(图 4-1 中未具体画出)。

(2) 累加器(ACC) ACC 用来存放参与算术运算和逻辑运算的一个操作数或运算的结果。

(3) 暂存寄存器(TMP1、TMP2) TMP1、TMP2 用来存放参与算术运算和逻辑运算的另一个操作数，它对用户不开放。

(4) 状态寄存器(PSW) PSW 是一个 8 位标志寄存器，用来存放 ALU 操作结

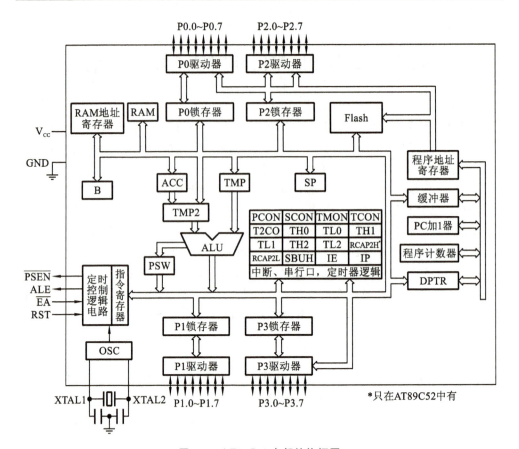

图 4-1 AT89C51 内部结构框图

果的有关状态,其各位的定义如表 4-1 所示。

表 4-1 PSW 各位的定义

位编号	PSW7	PSW6	PSW5	PSW4	PSW3	PSW2	PSW1	PSW0
位定义	CY	AC	F0	RS1	RS0	OV	—	P
位地址	D7H	D6H	D5H	D4H	D3H	D2H	D1H	D0H

① 进位标志位 CY:表示累加器 A 在加减运算过程中,其最高位 A7 有无进位或借位。

② 辅助进位 AC:表示累加器 A 在加减运算时,低 4 位(A3)有无向高 4 位(A4)进位或借位。

③ 用户标志位 F0:是用户定义的一个状态标志位,根据需要可以用软件来使它置位或清除。

④ 寄存器选择位 RS1、RS0:AT89C51 共有四组(每组八个)工作寄存器 R0~

R7,编程时用于存放数据或地址。但每组工作寄存器在内部 RAM 中的物理地址不同。RS1 和 RS0 的四种状态组合就是用来确定四组工作寄存器的实际物理地址的。RS1、RS0 状态与工作寄存器 R0～R7 的物理地址关系如表 4-2 所示。

表 4-2 工作寄存器组 R0～R7 的物理地址

RS1	RS0	工作寄存器组号	R0～R7 的物理地址
0	0	0	00H～07H
0	1	1	08H～0FH
1	0	2	16H～17H
1	1	3	18H～1FH

⑤ 溢出标志位 OV:当执行算术指令时,由硬件自动置位或清零,表示累加器 A 的溢出状态。

⑥ 奇偶标志位 P:用于指示运算结果中 1 的个数的奇偶性,若累加器 A 中 1 的个数为奇数,则 P=1;若 1 的个数为偶数,则 P=0。

2. 控制器

控制器是单片机内部按一定时序协调工作的控制核心,是分析和执行指令的部件。控制器主要由程序计数器 PC、指令寄存器 IR、指令译码器 ID 和定时控制逻辑电路等构成。

程序计数器 PC 专门用于存放现行指令的 16 位地址。CPU 就是根据 PC 中的地址到 ROM 中读取程序指令码和数据,并送给指令寄存器 IR 进行分析。指令寄存器 IR 用于存放 CPU 根据 PC 地址从 ROM 中读出的指令操作码。

指令译码器 ID 用于分析指令操作的部件,指令操作码经译码后产生相应于某一特定操作的信号。

定时控制逻辑电路中定时部件用来产生脉冲序列和多种节拍脉冲。

3. 寄存器阵列

寄存器阵列是单片机内部的临时存储单元或固定用途单元,包括通用寄存器组和专用寄存器组。

通用寄存器组用来存放过渡性的数据和地址,以提高 CPU 的运行速度。

专用寄存器组主要用来指示当前要执行指令的内存地址,存放特定的操作数,指示指令运行的状态等。

4.1.2 存储器

AT89C51 单片机内部有 256 个字节的 RAM 数据存储器和 4 KB 的闪存程序存储器(flash),当不够使用时,可分别扩展为 64 KB 外部 RAM 存储器和 64 KB 外部程序存储器。它们的逻辑空间是分开的，并有各自的寻址机构和寻址方式。这种结构的单片机称为哈佛型结构单片机。

程序存储器是可读不可写的，用于存放编好的程序和表格常数。

数据存储器是既可读也可写的，用于存放运算的中间结果，进行数据暂存及数据缓冲等。

4.1.3 I/O端口

AT89C51单片机对外部电路进行控制或交换信息都是通过I/O端口进行的。单片机的I/O端口分为并行I/O端口和串行I/O端口，它们的结构和作用并不相同。

1. 并行I/O端口

AT89C51有四个8位并行I/O端口，分别命名为P0口、P1口、P2口和P3口，它们都是8位准双向口，每次可以并行输入或输出8位二进制信息。

2. 串行I/O端口

AT89C51有一个全双工的可编程串行I/O端口，它利用了P3口的第二功能，即将P3.1引脚作为串行数据的发送线TXD，将P3.0引脚作为串行数据的接收线RXD。

4.1.4 定时器/计数器

AT89C51内部有两个16位可编程定时器/计数器，简称为定时器0(T0)和定时器1(T1)。T0和T1分别由两个8位寄存器构成，其中T0由TH0(高8位)和TL0(低8位)构成，T1由TH1(高8位)和TL1(低8位)构成。TH0、TL0、TH1、TL1都是SFR中的特殊功能寄存器。

T0和T1在定时器控制寄存器TCON和定时器方式选择寄存器TMOD的控制下(TCON、TMOD为特殊功能寄存器)，可工作在定时器模式或计数器模式下，每种模式下又有不同的工作方式。当定时或计数溢出时还可申请中断。

4.1.5 中断系统

单片机中的中断是指CPU暂停正在执行的原程序转而为中断源服务(执行中断服务程序)，在执行完中断服务程序后再回到原程序继续执行。中断系统是指能够处理上述中断过程所需要的部分电路。

AT89C51的中断系统由中断源、中断允许控制器IE、中断优先级控制器IP、定时器控制器TCON(中断标志寄存器)等构成。IE、IP、TCON均为SFR特殊功能寄存器。

4.1.6 内部总线

总线是用于传送信息的公共途径。总线可分为数据总线、地址总线和控制总线。单片机内的 CPU、存储器、I/O 端口等单元部件都是通过总线连接到一起的。采用总线结构可以减少信息传输线的根数,提高系统可靠性,增强系统灵活性。

AT89C51 单片机内部总线采用的是单总线结构,即数据总线和地址总线是公用的。

4.2 AT89C51 单片机引脚及其功能

AT89C51 有 40 条引脚,与其他 51 系列单片机引脚是兼容的。这 40 条引脚可分为 I/O 端口线、电源线、控制线、外接晶体线四部分。其封装形式有两种:双列直插封装(DIP)形式和方形封装形式,如图 4-2 所示。

4.2.1 I/O 端口功能

1. P0 口

P0 口有八条端口线,命名为 P0.0~P0.7,其中 P0.0 为低位,P0.7 为高位。每条线的结构组成如图 4-3 所示。它由一个输出锁存器,两个三态缓冲器,输出驱动电路和输出控制电路组成。P0 口是一个三态双向 I/O 端口,它有两种不同的功能,用于不同的工作环境。

2. P1 口

P1 口有八条端口线,命名为 P1.0~P1.7,每条线的结构组成如图 4-4 所示。P1 口是一个准双向口,只作普通的 I/O 端口使用,其功能与 P0 口的第一功能相同。作输出口使用时,由于其内部有上拉电阻,所以不需外接上拉电阻;作输入口使用时,必须先向锁存器写入"1",使场效应管 T 截止,然后才能读取数据。

3. P2 口

P2 口有八条端口线,命名为 P2.0~P2.7,每条线的结构如图 4-5 所示。P2 口也是一个准双向口,它有两种使用功能:一种是当系统不扩展外部存储器时,作普通 I/O 端口使用,其功能和原理与 P0 第一功能相同,只是作为输出口时不需外接上拉电阻;另一种是当系统外扩存储器时,P2 口作系统扩展的地址总线口使用,输出高 8 位的地址 A7~A15,与 P0 口第二功能输出的低 8 位地址相配合,共同访问外部程序或数据存储器(64 KB),但它只确定地址,并不能像 P0 口那样还可以传送存储器的读写数据。

4. P3 口

P3 口有八条端口线,命名为 P3.0~P3.7,每条线的结构如图 4-6 所示。P3 口是一个多用途的准双向口。第一功能是作普通 I/O 端口使用,其功能和原理与 P1 口相同。第二功能是作控制和特殊功能口使用,这时八条端口线所定义的功能各不相同,如表 4-3 所示。

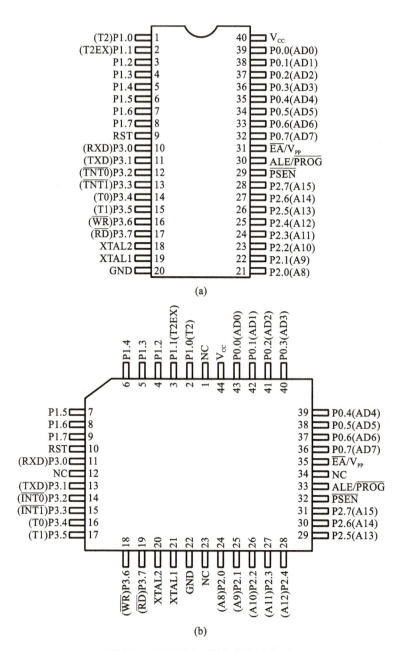

图 4-2　AT89C51 封装和引脚分配图
(a)双列直插封装；(b)方形封装

(1) XTAL1：片内振荡器反相放大器的输入端和内部时钟工作的输入端。采用内部振荡器时，它接外部石英晶体和微调电容的一个引脚。

(2) XTAL2：片内振荡器反相放大器的输出端，接外部石英晶体和微调电容的另一端。采用外部振荡器时，该引脚悬空。

4.2.4 控制线

AT89C51 单片机的控制线有以下几种。

(1) RST：复位输入端，高电平有效。

(2) ALE/$\overline{PROG}$：地址锁存允许/编程线。

(3) $\overline{PSEN}$：外部程序存储器的读选通线。

(4) $\overline{EA}/V_{PP}$：片外 ROM 允许访问端/编程电源端。

4.3 AT89C51 存储器

AT89C51 单片机存储器结构采用哈佛型结构，即将程序存储器(ROM)和数据存储器(RAM)分开，它们有各自独立的存储空间、寻址机构和寻址方式。其典型结构如图 4-7 所示。

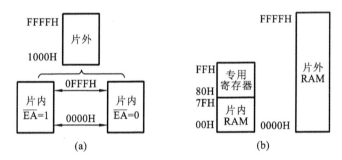

图 4-7 AT89C51 存储器典型结构
(a)程序存储器地址分配；(b)数据存储器地址分配

4.3.1 程序存储器

AT89C51 程序存储器有片内和片外之分。片内有 4 KB 字节的 Flash 程序存储器，地址范围为 0000H～0FFFH。当不够使用时，可以扩展片外程序存储器。因程序计数器 PC 和程序地址指针 DPTR 都是 16 位的，所以片外程序存储器扩展的最大空间是 64 KB，地址范围为 0000H～FFFFH，结构分配如图 4-7(a)所示。

4.3.2 数据存储器

AT89C51 数据存储器也有片内和片外之分。片内有 256 个字节 RAM，地址范围为00H～FFH。片外数据存储器可扩展64 KB存储空间,地址范围为0000H～FFFFH,但两者的地址空间是分开的,各自独立的,结构分配如图4-7(b)所示。

1. 片内数据存储器

AT89C51单片机片内数据存储器可分为两部分:00H～7FH单元空间的128B为RAM区;80H～FFH单元空间的128B为专用寄存器(SFR)区。两部分的地址空间是连续的。

1) 片内RAM区

片内RAM区共128B,它又可划分为通用寄存器区、位寻址区、普通RAM区,如图4-8所示。

7FH									
30H									
2FH	7F	7E	7D	7C	7B	7A	79	78	
2EH	77	76	75	74	73	72	71	70	
2DH	6F	6E	6D	6C	6B	6A	69	68	
2CH	67	66	65	64	63	62	61	60	
2BH	5F	5E	5D	5C	5B	5A	59	58	
2AH	57	56	55	54	53	52	51	50	
29H	4F	4E	4D	4C	4B	4A	49	48	
28H	47	46	45	44	43	42	41	40	位寻址区
27H	3F	3E	3D	3C	3B	3A	39	38	
26H	37	36	35	34	33	32	31	30	
25H	2F	2E	2D	2C	2B	2A	29	28	
24H	27	26	25	24	23	22	21	20	
23H	1F	1E	1D	1C	1B	1A	19	18	
22H	17	16	15	14	13	12	11	10	
21H	0F	0E	0D	0C	0B	0A	09	08	
20H	07	06	05	04	03	02	01	00	
1FH									
18H				3组					
17H									
10H				2组					通用寄存器区
0FH									
08H				1组					
07H									
00H				0组					

图4-8 AT89C51内部RAM空间分配

(1) 通用寄存器区 00H～1FH这32个单元为通用寄存器区,分为四组,每组占八个RAM单元,地址由小到大分别用代号R0～R7表示。通过设置程序状态字PSW中的RS1,RS0状态来决定哪一组寄存器工作,如表4-2所示。

(2) 位寻址区 20H～2FH这16个单元为位寻址区。它有双重寻址功能,既可以进行位寻址操作,也可以同普通RAM单元一样进行字节寻址操作。

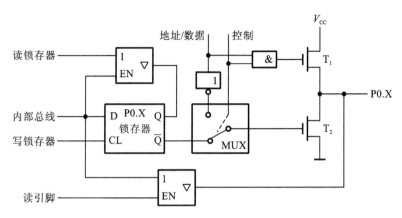

图 4-3　P0 口位结构图

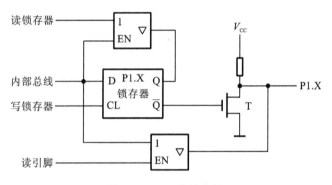

图 4-4　P1 口位结构图

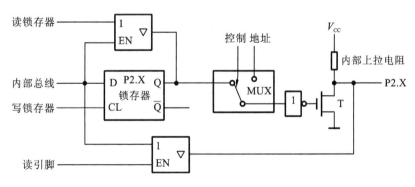

图 4-5　P2 口位结构图

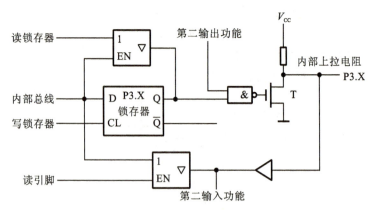

图 4-6　P3 口位结构图

表 4-3　P3 口各位的第二功能

P3 口各位	第二功能	功　　能
P3.0	RXD	串行数据接收口
P3.1	TXD	串行数据发送口
P3.2	$\overline{INT0}$	外中断 0 输入
P3.3	$\overline{INT1}$	外中断 1 输入
P3.4	T0	计数器 0 计数输入
P3.5	T1	计数器 1 计数输入
P3.6	$\overline{WR}$	外部 RAM 写选通信号
P3.7	$\overline{RD}$	外部 RAM 读选通信号

5. I/O 端口的读写

P0~P3 口都可作为普通 I/O 端口来使用。当作为输入口使用时,必须先向该口的锁存器中写入"1",然后再从读引脚缓冲器中读入引脚状态,这样的读入结果才正确。

4.2.2　电源线

AT89C51 单片机的电源线有以下两种。

(1) V_{cc}:+5 V 电源线。

(2) V_{ss}(GND):接地线。

4.2.3　外接晶体引脚

AT89C51 单片机的外接晶体引脚有以下两种。

(3) 普通 RAM 区 30H～7FH 这 80 个单元为普通 RAM 区,用于存放用户数据,只能按字节存取。

(4) 堆栈区 堆栈是片内 RAM 存储器中的特殊群体。堆栈结构图如图 4-9 所示。

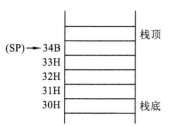

图 4-9 堆栈结构图

2) 专用寄存器区

片内 80H～FFH 这一区间为专用寄存器区,AT89C51 集合了一些特殊用途的寄存器,一般称之为特殊功能寄存器 SFR。应注意的是,SFR 不是一个寄存器而是一组寄存器的总称,SFR 所包括的寄存器如表 4-4 所示。

表 4-4 SFR 所包括的寄存器

寄存器符号	寄存器地址	地址区间	功 能 介 绍
B	F0H	F0H～FFH	B 寄存器
ACC	E0H	E0H～EFH	累加器
PSW	D0H	D0H～DFH	程序状态字
TH2 *	CDH		定时器/计数器 2(高 8 位)
TL2 *	CCH		定时器/计数器 2(低 8 位)
RCAP2H *	CBH		定时器/计数器 2 自动装置高 8 位
RCAP2L *	CAH		定时器/计数器 2 自动装置低 8 位
T2CON *	C8H	C8H～CFH	T2 定时器/计数器控制寄存器
IP	B8H	B8H～BFH	中断优先级控制寄存器
P3	B0H	B0H～B7H	P3 口锁存器
IE	A8H	A8H～AFH	中断允许控制寄存器
P2	A0H	A0H～A7H	P2 口锁存器
SBUF	99H		串行口锁存器
SCON	98H	98H～9FH	串行口控制寄存器
P1	90H	90H～97H	P1 口锁存器
TH1	8DH		定时器/计数器 1(高 8 位)
TH0	8CH		定时器/计数器 0(高 8 位)
TL1	8BH		定时器/计数器 1(低 8 位)
TL0	8AH		定时器/计数器 0(低 8 位)
TMOD	89H		定时器/计数器方式控制寄存器
TCON	88H	88H～8FH	定时器/计数器控制寄存器

续表

寄存器符号	寄存器地址	地址区间	功能介绍
PCON	87H		电源控制寄存器
DPH	83H		数据地址指针(高8位)
DPL	82H		数据地址指针(低8位)
SP	81H		堆栈指针
P0	80H	80H~87H	堆栈指针

注：表中带 * 的寄存器只在 AT89C52 芯片中存在。

在 AT89C 51 系列单片机中，这些特殊功能寄存器都是离散的，分别在芯片的 128B 的 RAM 中，其中已经定义了 21 个特殊功能寄存器(AT89C 52 芯片定义了 26 个特殊功能寄存器)，对于没有定义的地址空间，用户不要对其赋值或读取其中数据，这些空间是留给新型 AT89C 51 单片机使用的。

在 AT89C 51 单片机中，地址为 0 或 8 结尾的特殊功能寄存器是可以对其进行位寻址的。

2. 片外数据存储器

AT89C51 单片机可扩展片外 64 KB 空间的数据存储器，地址范围为 0000H~FFFFH，它与程序存储器的地址空间是重合的，但两者的寻址指令和控制线不同。

4.4 AT89C51 单片机工作方式

4.4.1 复位方式

单片机在开机时或在工作中因干扰而使程序失控或工作中程序处于某种死循环状态等情况下都需要复位。复位的作用是使中央处理器 CPU 及其他功能部件都恢复到一个确定的初始状态，并从这个状态开始工作。

AT89C51 单片机的复位靠外部电路来实现，信号由 RESET(RST)引脚输入，高电平有效，在振荡器工作时，只要保持 RST 引脚高电平两个机器周期，单片机即复位。复位后，PC 程序计数器的内容为 0000H，其他特殊功能寄存器的复位状态如表 4-4 所示。片内 RAM 中内容不变。

复位电路一般有上电复位电路、手动复位电路和自动复位电路三种，如图 4-10 所示。

4.4.2 程序执行方式

程序执行方式是单片机的基本工作方式，也就是执行用户编写好并存放在 ROM 中的程序。

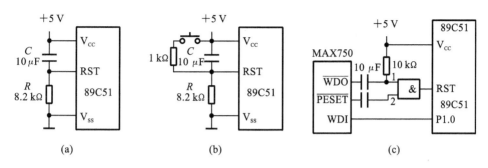

图 4-10 单片机复位电路图

(a)上电复位电路;(b)手动复位电路;(c)自动复位电路

4.4.3 省电方式

AT89 系列单片机提供了两种通过软件编程来实现的省电运行方式,即空闲方式和掉电方式。省电方式可以使单片机在供电困难的环境中功耗最小,仅在需要正常工作时才正常运行。单片机正常工作时消耗 10~20 mA 电流,空闲方式工作时消耗 1.75 mA 电流,掉电方式工作时消耗 5~50 μA 电流,可见,在省电方式下单片机耗能很小。

在空闲和掉电方式下,单片机内部硬件控制电路如图 4-11 所示。

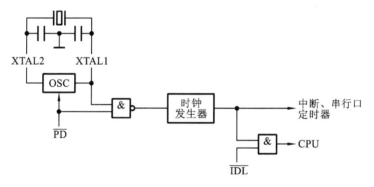

图 4-11 空闲和掉电方式内部硬件控制电路

4.4.4 EPROM 编程和校验方式

1. 签名字节的读出

签名字节是生产厂家在生产 AT89 系列单片机时写入存储器中的信息。信息内容包括生产厂家、编程电压和单片机型号。

2. Flash 存储器编程方式

Flash 存储器编程是指利用特殊手段的编程,将用户编写好的程序代码写入

AT89C51 片内 4 KB Flash 存储器的过程(AT89C52 的编程方法与之相同)编程硬件逻辑电路如图 4-12 所示。编程前必须先确定编程电压。AT89 系列单片机只有两种编程电压:一种是低压编程方式,用 5 V 电压;另一种是高压编程方式,用 12 V 电压。编程电压可从器件封装表面读取或从签名字节中读取。编程步骤如下。

(1) 在地址线上输入要编程单元的地址。
(2) 在数据线上输入要写入的数据字节。
(3) 在 $\overline{EA}/V_{pp}$ 端加入编程电压(5 V 或 12 V)。
(4) 激活相应的控制信号。
(5) 在 ALE/$\overline{PROG}$ 端加入一个编程负脉冲,数据线上的数据字节就被写入地址线上对应的 Flash 存储器单元地址中。

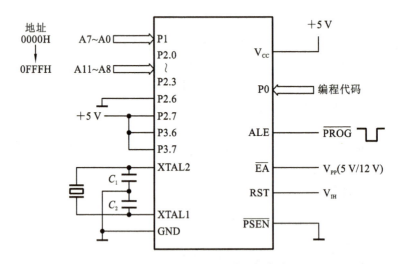

图 4-12 Flash 编程硬件逻辑电路

3. 程序的校验方式

程序校验方式是指对编程中写入的程序代码进行读出,并与程序写入前代码进行比较验证的过程。

4. EPROM 加密方式

用户编写好的程序通过编程和校验无误,写入 EPROM 中后,可进行加密保护,以防止非法读出受保护的应用软件。

5. 程序擦除工作方式

AT89C51 单片机的片内 Flash 存储器可以多次编程,但是,在每次对程序存储器进行编程前必须先执行擦除操作,使存储器单元内容变为全 FFH 状态(包括签名字节)。

4.5 AT89C51 时钟电路与时序

4.5.1 振荡器与时钟电路

单片机内各部件之间有条不紊的协调工作,其控制信号是在一种基本节拍的指挥下按一定时间顺序发出的,这些控制信号在时间上的相互关系就是 CPU 时序,而产生这种基本节拍的电路就是振荡器和时钟电路。

AT89C51 单片机内部有一个用于构成振荡器的单级反相放大器,如图 4-13 所示。

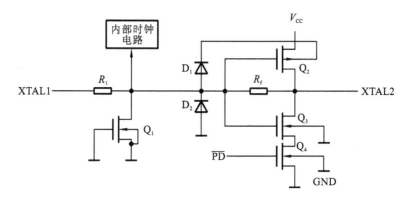

图 4-13 AT89C51 内部振荡器电路

引脚 XTAL1 为反相器输入端,XTAL2 为反相器输出端。当在放大器两个引脚上外接一个晶体(或陶瓷)振荡器和电容组成的并联谐振电路作为反馈元件时,便构成一个自激振荡器,如图 4-14 所示。XTAL1 和 XTAL2 分别为反向放大器的输入和输出。该反向放大器可以配置为片内振荡器。石英晶体振荡器和陶瓷振荡器均可

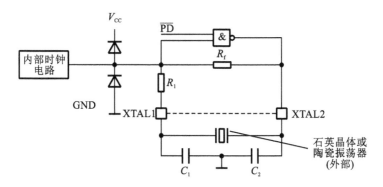

图 4-14 内部振荡器等效电路

采用。例如,采用外部时钟源驱动器件,XTAL2 应不接。又如输入至内部时钟信号要通过一个二分频触发器,因此,对外部时钟信号的脉宽无任何要求,但必须保证脉冲的高低电平要求的宽度。

单片机也可采用外部振荡器向内部时钟电路输入一固定频率的时钟源信号。此时,外部信号接至 XTAL1 端,输入给内部时钟电路,而 XTAL2 端浮空即可,如图 4-15 所示。

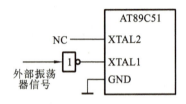

图 4-15 外部时钟电路

4.5.2 时序

1. 振荡周期

振荡周期是指由单片机片内或片外振荡器所产生的,为单片机提供时钟源信号的周期(其值为 $1/f_{osc}$)。

2. 时钟周期

时钟周期又称为状态周期 T,由内部时钟电路产生,是振荡周期的两倍。每个时钟周期分为 P1 和 P2 两个节拍,前半周期 P1 节拍信号有效,后半周期 P2 节拍信号有效,每个节拍完成不同的逻辑操作。

3. 机器周期

一个机器周期由六个状态周期(十二个振荡周期)组成,六个状态周期用 T1～T6 表示,每一状态周期的两个节拍用 P1、P2 表示,则一个机器周期的 12 个节拍就可用 T1P1,T1P2,T2P1,…,T6P1,T6P2 来表示。

4. 指令周期

指令周期是指执行一条指令所占用的全部时间。一个指令周期通常由 1～4 个机器周期组成。若外接晶振频率为 $f=12$ MHz,则四个基本周期的具体数值为

振荡周期 $=1/12$ μs

时钟周期 $=1/6$ μs

机器周期 $=1$ μs

指令周期 $=1$~4 μs

AT89C51 单片机典型指令时序图如图 4-16 所示。

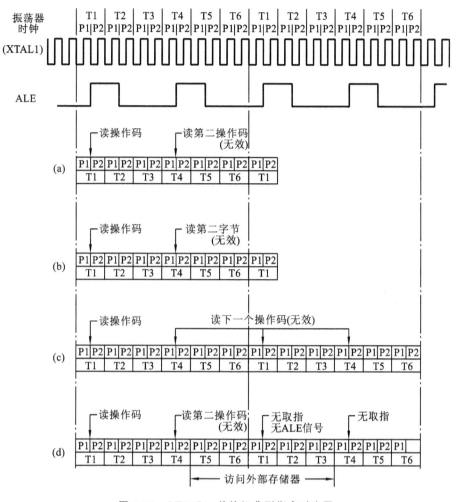

图 4-16 AT89C51 单片机典型指令时序图

思 考 题

4-1 AT89C51 单片机内部结构由哪几部分组成？

4-2 程序状态字 PSW 各位的定义是什么？

4-3 程序计数器 PC 的作用是什么？怎样工作？

4-4 P0～P3 口各有什么功能？P0 口用作普通 I/O 端口使用时应注意什么？

4-5 什么是对 I/O 端口的"读-修改-写"操作？

4-6 如何改变当前工作寄存器组？

4-7 单片机的复位方式有几种？复位后各寄存器、片内 RAM 的状态如何？

第 5 章　机电一体化系统的传感与检测

【本章导读】 21 世纪是信息化时代,其特征是人类社会活动和生产活动的信息化,传感和检测技术的重要性更为突出。现代信息科学(技术)的三大支柱是信息的采集、传输与处理技术,即传感器技术、通信技术和计算机技术。传感器既是现代信息系统的源头或"感官",又是信息社会赖以存在和发展的物质与技术基础。在机电一体化系统中,传感技术可以说是处在整个系统之首,它的作用很大,相当于整个系统的感觉器官。它不但能够精确、快速地获取信息,而且能够经受严酷环境的考验,是机电一体化系统达到高水平的保证。如果没有这些传感器对系统的状态和信息进行精确可靠的检测,信息的自动处理和控制决策等便无法实现。

5.1　检测系统的功用与特性

5.1.1　检测系统的基本功能

检测系统是机电一体化系统的一个基本要素,其功能是对系统运行中所需的自身和外界环境参数及状态进行检测,将其变换成系统可识别的电信号,传递给信息处理单元。如果把机电一体化系统中的机械系统看成人的四肢,信息处理系统看成人的大脑,则检测系统就好比是人的感觉器官。

根据被检测物理量特性的不同,检测系统可以分为:运动学参数检测系统,主要完成位移、速度、加速度及振动的检测;力学参数检测系统,主要检测拉压力、弯扭力矩及应力等;其他物理量检测系统,如温度检测、湿度检测、酸碱度检测、光照强度及声音检测等;图像检测系统,主要是指利用摄像头及图像采集电路来完成图像的输入。

根据检测信号的时间特性不同,检测系统又可分为模拟量检测系统和数字量检测系统。模拟量检测系统完成时间上连续、具有幅值意义的模拟信号的检测;数字量检测系统完成时间上不连续、没有幅值意义的脉冲信号的检测。

5.1.2　检测系统的基本特性

在满足检测系统基本功能要求的前提下,应以技术上合理可行,经济上节约为基本原则,对设计的检测系统提出基本要求。

1. 灵敏度及分辨率

灵敏度 S 是检测系统的一个基本参数。当检测系统的输入 x 有一个微小的增

量 Δx 时,引起输出 y 发生相应变化 Δy,则称

$$S = \Delta y / \Delta x \tag{5-1}$$

为该系统的绝对灵敏度。如某位移检测装置在位移变化 1 mm 时,输出的电压变化为 30 mV,则其灵敏度为 30 mV/mm。

分辨率是检测系统对被测量敏感程度的另一种表示形式,它是指系统能检测到的被检测量的最小变化。如某位移检测系统的分辨率为 0.2 mm,是指当位移变化小于 0.2 mm 时,不能保证系统的输出在允许的误差范围内。一般情况下系统灵敏度越高,其分辨能力就越强,而分辨率高也意味着系统具有高的灵敏度。

原则上说,检测系统的灵敏度应尽可能高一些,高灵敏度意味着它能"感知"到被检测对象的微小变化。但是,高灵敏度或高分辨率系统对信号中的噪声成分也同样敏感,噪声也可能被系统的放大环节放大。如何达到既能检测到微小的被检测量的变化,又能使噪声被抑制到最小程度,是检测系统主要技术目标之一。

对于高灵敏度或高分辨率的检测系统,其有效量程范围往往不是很宽,稳定性也往往不是很好。因此,在选择设计测试系统时,应综合考虑上述各因素,合理确定测试系统的灵敏度及分辨率。

2. 精确度

精确度又称准确度,它表示检测系统所获得的检测结果与被测量真值的一致程度,精确度在一定程度上反映出检测系统各类误差的综合情况。精确度越高,表明检测结果中包含系统自身误差和随机误差就越小。

根据误差理论,一个检测系统的精确度取决于组成系统的各环节精确度的最小值。所以在选择设计检测系统时,应该尽可能保持各环节具有相同或相近的精确度。如果某一环节精确度太低,就会影响整个系统的精确度。若不能保证各环节具有相同的精确度,就应该按前面环节精确度高于后面环节精确度的原则布置系统。

选择一个检测系统的精确度,应从检测系统的最终目的及经济情况等方面综合考虑。如为了控制农机具的入土深度而进行的地表不平度的检测,由于入土深度并不要求很高的准确度,则检测系统的精确度也不必选择很高。如果为了控制机械手进行某项精确的作业,其机械手的各位置及姿态检测就应要求达到较高的精确度。另一方面,精确度高的设备或部件,其价格通常也很高,为了获得最佳的系统性能价格比,也应适当、合理地选择检测系统的精确度。

3. 系统的频率响应特性

检测系统对不同频率的输入信号的响应总有一定差别,在一定频率范围内保持这种差别最小是十分重要的。系统响应特性表现在两个方面:一是将等幅值不同频率的信号输入给测试系统,其输出信号的幅值不可能保持完全相等,总要有一定的变化,某一频率附近的输出幅值可能大于其他频率的幅值,对于测试系统,这种变化会产生一定的系统误差;二是系统的输出信号和输入信号相比,在时间上总会有一些延

迟,显然这种延迟时间越短越好。在选择设计测试系统时,特别是被检测信号频率较高,或要求能对被测量的变化做出快速反应的系统,应该充分考虑检测系统的频率响应特性。

4. 稳定性

稳定性是指在规定的测试条件下,检测系统的特性随时间的推移而保持不变的能力。影响系统稳定性的因素主要有环境参数、组成系统元器件的特性等。如温度、湿度、振动情况、电源电压波动情况、元件温度变化系数等。

在被测量不变的情况下,经过一定时间后,其输出发生变化,这种现象称为漂移。如果输入量为零,这种漂移又称零漂。系统的漂移或零漂一般是由系统本身对温度的变化敏感,以及元器件特性不稳定等因素引起的。显然,这种漂移是不希望出现的,设计检测系统时应采取一定措施来减小这种漂移。

5. 线性特性

检测系统的线性特性反映了系统的输入、输出能否像理想系统那样保持常值的比例关系。检测系统的线性特性可用系统的非线性度来表示。所谓非线性度是指在有效量程范围内,测量值与由测量值拟合成的直线间最大相对偏差。系统产生非线性度的因素主要是由于组成系统的元件存在非线性,或系统设计参数选择不合理,使某些环节或部件的工作状态进入非线性区。在选择设计检测系统时,非线性度应该控制在一定的范围内。

6. 检测方式

检测系统在实际工作条件下的测量方式也是设计选择系统时应考虑的因素之一,如接触式与非接触式检测、在线检测与非在线检测等。不同的检测方式,对系统的要求也有所不同。

对运动学参数量的检测,一般采用非接触式检测方法。接触检测不仅会对被检测量产生一定程度的不良影响,而且存在着许多难以解决的技术问题,如接触状态的变化、检测头的磨损等。对非运动参数的检测,如非运动部件的受力检测、温度检测等,可以或必须采用接触方式进行检测,接触式检测不但更容易获得信号,而且系统的造价也要低一些。

在线检测是指在被检测系统处于正常工作情况下的检测。显然,在线检测可以获得更真实的数据,机电一体化系统中的检测多数为在线检测。在线检测必须在现场实时条件下进行,在选择设计检测系统时应充分考虑系统的工作环境和一些不可控因素对被检测量的影响及对检测系统工作状态的影响。

5.2 常用传感器

传感器是检测系统中第一个环节,其性能直接影响检测系统的性能。因此,合理选择设计传感器是整个检测系统设计的关键。

由于机电一体化系统中被检测物理量的种类较多,且因传感器的工作原理不同,因此传感器的种类也很繁多。有些传感器可以同时检测多个参数,而一种参数又可以用不同类型的传感器进行检测。表 5-1 列举了传感器的常见分类方法。

表 5-1　传感器的常见分类方法

分类方法	传感器种类	说　明
按被检测量分类	角位移传感器、线位移传感器、速度传感器、加速度传感器、温度传感器、压力传感器等	以被检测物理量命名
按工作原理分类	应变式、电感式、电磁式、光电式、压电式、热电式	根据传感器工作原理命名
按输出信号分类	模拟量传感器 数字量传感器	输出为模拟量 输出为数字量

5.2.1　线位移传感器

线位移传感器是利用敏感元件某些电参数随位移变化而改变的特性进行工作的。常用的线位移传感器有电阻式、电感式、电容式等。

1. 电阻式线位移传感器

电阻式线位移传感器分为电位器式和电阻应变式两种类型。电位器式传感器结构原理如图 5-1 所示。被测部件的移动通过拉杆带动电刷 C 移动,从而改变 C 点的电位,通过检测 C 点的电位即可达到检测 C 点位移的目的。电阻器可以是一段均匀的电阻丝,也可以利用线绕电阻器,对小位移的测量也可以采用精密的直线碳膜线性电阻。电阻应变式位移传感器是通过检测弹性元件由于位移而产生应变的原理来间接检测位移的。

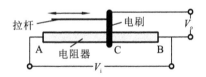

图 5-1　电位器式传感器结构原理

2. 电感式线位移传感器

电感式线位移传感器分为差动电感式和差动变压器式两种类型。差动电感式线位移传感器利用磁芯在感应绕组中位置的变化引起两个绕组电感改变的原理来实现位移检测,其结构原理如图 5-2 所示。磁芯一般采用铁氧体,线圈管可采用硬质绝缘树脂管或硬质塑料管,两绕组要求匝数及疏密相同,以保证感抗相同。差动变压器式

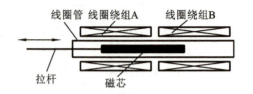

图 5-2　差动电感式线位移传感器结构原理

线位移传感器是在互感传感器基础上,在两个互感绕组中间再增加一个励磁绕组,并利用一定频率的电流进行励磁,产生交变磁场,在绕组 A 和绕组 B 上分别产生感应电压。

两种电感式传感器的绕组都接成差动式。差动电感式接线图如图 5-3 所示,两绕组接入交流电桥的邻臂,当两绕组电感不相同时,电桥失去平衡,进而通过电桥的输出检测出磁芯的位移。图 5-4 所示为差动互感式两绕组的接线方法,两绕组反向串接,当磁芯处在中心位置时,两绕组的感应电压相同,方向相反,输出端无输出;当磁芯偏离中心位置时,两绕组的感应电压不等,输出端输出它们的电压差。偏离越大,输出的电压差就越大。通过检测输出端的电压值,即可检测磁芯在绕组中的位置。

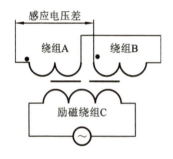

图 5-3　差动电感式接线图

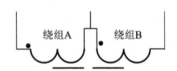

图 5-4　差动变压器式接线图

电感式线位移传感器具有动态范围宽,分辨率高及线性度好等特点,缺点是回程误差较大。动态范围最大一般可达到 500～1 000 mm,非线性度一般小于 1%,最小分辨率可以达到 0.01 μm。

3. 电容式线位移传感器

平行板电容器的电容值 C 取决于极板的有效面积 S,极板间介质的介电常数 ε,以及两极板间的距离 δ,参数之间关系如下:

$$C=\varepsilon S/\delta \tag{5-2}$$

显然,只要改变其中任意一个参数,就会引起电容值的变化。若改变两极板的有效面积,通过检测电路将电容量的变化转变成电信号输出,即可确定位移的大小。

电容式传感器具有结构简单、动态特性好、灵敏度高等特点,并可用于非接触检测,故被广泛应用于检测系统中。

4. 编码式线位移传感器

编码式线位移传感器是利用一组电刷拾取按一定编码方式,对不同位置进行0/1编码的编码尺上的电位来检测电刷的位置。图5-5所示为一具有四位码的编码式线位移传感器原理。

为了减少两组相邻编码之间由于过多改变位码数而造成的编码竞争,在安排编码时应保证相邻两组编码间只有一位变化,图5-5中给出了16个编码的安排方案,这点和二进制编码方法不同。

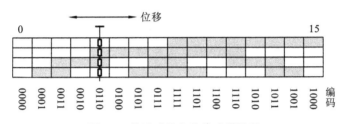

图 5-5 编码式线位移传感器原理

由于这种传感器利用电刷拾取编码,其分辨率不会太高,也容易由于磨损等原因造成编码错误,并且工作时需要经常维护,因此,这种传感器已逐渐被光栅式传感器所取代。

5. 光栅式线位移传感器

光栅式线位移传感器原理如图5-6所示。传感器由光栅和光电组件组成,当光栅和光电组件产生相对位移时,光电三极管便产生相应的脉冲信号,通过检测电路(或计算机系统)对产生的脉冲进行计数,即可确定其相对位移量。所谓光栅实际上是一条均匀刻印条纹的塑料带,条纹间距可以做得很小,一般可以做到微米级,以提高位移检测精度。光栅式线位移传感器具有动态范围大、分辨率高等特点,广泛应用在精密仪器和数控机床上。

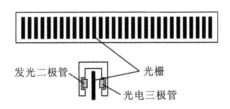

图 5-6 光栅式线位移传感器原理

5.2.2 角位移传感器及转速传感器

1. 电阻式角位移传感器

电阻式角位移传感器的工作原理和电位器式线位移传感器相似,不同之处是将电阻器做成圆弧形,电刷绕中心轴作旋转运动,这样,电刷输出的电压就反映了电刷的转角。电阻式角位移传感器具有结构简单、动态范围大、输出信号强等特点;缺点是在圆弧形电阻器各段电阻率不一致情况下,会产生误差。

2. 旋转变压器角位移传感器

旋转变压器角位移传感器实际上是初级和次级绕组之间的角度可以改变的变压器。常规变压器的两个绕组之间是固定的,其输入电压和输出电压之比保持常数。旋转变压器励磁绕组和输出绕组分别安装在定子和转子上,如图5-7所示。如果两绕组夹角为 θ,励磁电压为 V_i,则在次级绕组感应的输出电压为

$$V_o = k V_i \cos\theta \tag{5-3}$$

式中 k——与绕组匝数及铁芯结构有关的常数。

旋转变压器具有精度高、可靠性好等特点,广泛应用在各种机电一体化系统中。

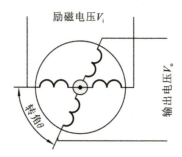

图 5-7 旋转变压器角位移传感器原理

3. 电容式角位移传感器

电容式角位移传感器原理如图5-8所示。当动极板产生角位移时,电容器的工作面积发生变化,电容量随之改变,电路检测这种电容量的变化,即可确定角位移。实际电容式角位移传感器可以采用多极板并联,这样,可以在减小体积的同时增大电容量,提高检测精度。

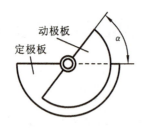

图 5-8 电容式角位移传感器原理

4. 光栅式角位移传感器

与光栅式线位移传感器相比,光栅式角位移传感器将光栅刻印在圆盘的圆周上,当圆盘转动时,光电三极管即有脉冲输出,对脉冲进行计数即可得角位移。为了识别

光栅盘的转动方向,可以利用相差 $n+1/4$ 个光栅间距的两个光电组件拾取光栅脉冲。如图 5-9 所示,根据两个脉冲序列的相位差就可以识别方向:如果 A 光电三极管输出的脉冲比 B 提前 1/4 个周期,说明光栅盘逆时针旋转;如果 B 比 A 提前 1/4 个周期,说明光栅盘顺时针旋转。光栅式角位移传感器可以测量任意转角,并可利用增速齿轮将被测转角进行放大,得到高精度的角位移测量值。

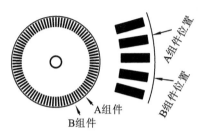

图 5-9　光栅式角位移传感器原理

如果对光栅的脉冲信号进行等时间段计数,或检测出两相邻脉冲的时间间隔,即可计算出转速。

5. 磁电式角位移传感器及转速传感器

如果利用导磁材料制成的齿轮代替光栅传感器的光栅盘,利用磁钢芯绕组代替光电组件,那么齿轮的转动会影响磁路的磁阻,使磁通量发生变化,进而在绕组中会产生相应的感应脉冲电压。对脉冲电压整形后进行计数,也可以达到测量角位移及角速度的目的。

检测转速还可以使用测速发电机,其结构原理如图 5-10 所示。由于导线在均匀磁场中作切割磁力线运动所产生的感应电压与运动的速度成正比,因此,发电机产生的电压就能够反映其转速。

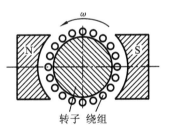

图 5-10　测速发电机原理

5.2.3　加速度与速度传感器

1. 压电式加速度传感器

一些晶体材料,如石英、钛酸钡等,受到压力作用发生变形时,其内部发生极化,在材料的表面上会产生电荷,形成电场。压力发生变化时,表面电荷量也会随之发生变化,这种现象称为压电效应。利用压电效应,可以把机械力变化转换成电荷量的变化,制作成压电传感器。

压电材料通常分为两类:一类为单晶体压电材料,如石英;另一类为多晶体压电陶瓷,如钛酸钡。石英晶体具有性能稳定、机械强度高、绝缘性能好等优点,但石英晶体的压电效应较小、介电常数小,对后续电路要求较高,通常应用在有特殊要求的传感器中。压电陶瓷材料是经人工高温烧结而成,通过调整材料成分或控制烧结温度等处理,可以制造出具有大的压电常数和介电常数的陶瓷材料。压电陶瓷不如石英晶体的稳定性及力学特性好,特别是在较大加速度的冲击下,会发生零漂现象,产生误差。

图 5-11 所示为压电加速度传感器原理,当机座在垂直方向产生加速度 a 时,质量块对压电陶瓷片产生 ma 的作用力,使陶瓷片两极产生相应的电荷,通过引线输出到电荷测量电路中,这样,便可得到相应的加速度值。

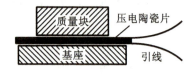

图 5-11　压电式加速度传感器原理

2. 电磁式速度传感器

电磁式速度传感器原理如图 5-12 所示,其作用是可以用来检测两部件的相对速度。壳体固定在一个试件上,顶杆顶住另一个试件,线圈置于内外磁极构成的均匀磁场中。如果线圈相对于磁场运动,线圈由于切割磁力线而产生感应电动势,其大小为

$$e = BWlv\sin\theta \tag{5-4}$$

式中　B——磁场强度(T);
　　　W——线圈匝数;
　　　l——每匝线圈有效长度(m);
　　　v——线圈与磁场的相对速度(m/s);

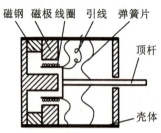

图 5-12　电磁式速度传感器原理

θ——线圈运动方向与磁场方向的夹角。

式(5-4)表明,当 B、W、l、θ 均为常数时,电动势 e 只与相对速度 v 成正比。实际上只要保证磁场宽度足够大,在一定范围内保持均匀,就可满足 B、W、l、θ 为常数的要求。因此,只要顶杆能跟踪试件的运动,通过检测线圈的电动势,即可检测顶杆和壳体的相对运动速度。

5.2.4 力传感器

1. 电阻应变片传感器

弹性体在外力的作用下会产生变形,将电阻应变片粘贴在弹性体表面即可检测到这种变形产生的应变,进而可以检测力的大小。电阻应变片输出为电阻变化,通常,利用惠斯通电桥电路将电阻变化转换成电压的变化。利用应变片在弹性体上布片方式的不同或电阻丝形式的不同,可以检测拉压力、弯矩、扭矩、剪力及压力等。电阻应变片结构简单、使用灵活,被广泛应用在检测系统中。

2. 压力传感器

除了可以利用电阻式应变片检测压力外,对液体或气体压力还可以采用其他方法检测。图 5-13 给出了几种常用的压力敏感元件示意图。随着内外压力差不同,这些敏感元件都会产生变形,通过检测变形大小或变形力的大小,即可检测出压力大小。

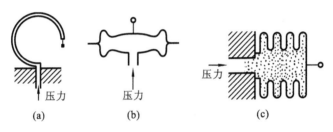

图 5-13 压力敏感元件
(a)波登管;(b)波纹膜腔;(c)波纹管

5.2.5 接近传感器与距离传感器

接近传感器用于近距离对象的存在检测。目前,常用的接近传感器有以下几种。

1. 电容式接近传感器

电容式接近传感器是利用检测被检测对象与检测极板间电容的变化,来检测物体的接近程度的传感器。图 5-14 所示为电容式接近传感器工作原理,当被检测物体足够远时,两极板间形成恒定的电容量,当物体接近两极板时,两极板间电容就会增大。检测电路通过检测极板间电容量的变化,就可获得物体与传感器的接近程度。

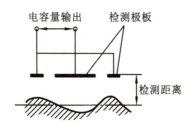

图 5-14　电容式接近传感器工作原理

2. 电感式接近传感器

如果检测对象为钢、铁等磁性材料,可以利用其磁通特性来检测物体的接近程度。图 5-15 所示为电感式接近传感器工作原理,当磁性材料接近传感器时,由于缝隙的减小,磁芯的磁通量增加,线圈的电感也随之增加。通过检测线圈的电感即可得到物体与传感器间的接近程度。

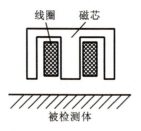

图 5-15　电感式接近传感器工作原理

与电容式接近传感器相比,电感式接近传感器的灵敏度会更高一些,检测电路也要简单一些,但被检测物体必须是磁性体。要检测像地面、水面或生物体等对象时,一般可使用电容式接近传感器。如果需要检测非良导电体,如塑料等材料物体的接近程度,上述两种传感器都无能为力,需要利用光电式或其他类型的传感器。

3. 光电式接近传感器

光电式接近传感器工作原理如图 5-16 所示。发光二极管(或半导体激光管)的光束轴线和光电三极管的轴线在一个平面上,并成一定的夹角,两轴线在传感器前方交于一点。当被检测物体表面接近交点时,发光二极管的反射光被光电三极管接收,产生电信号。当物体远离交点时,反射区不在光电三极管的视角内,检测电路没有输出。一般情况下,送给发光二极管的驱动电流并不是直流电流,而是一定频率的交变电流,这样,接收电路得到的也是同频率的交变信号。如果对接收来的信号进行滤波,只允许同频率的信号通过,可以有效地防止其他杂光的干扰,并可以提高发光二极管的发光强度。

4. 超声波距离传感器

超声波在检测系统中有着广泛的应用,如超声波探伤仪、超声波流量仪、超声波

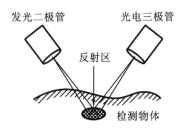

图 5-16 光电式接近传感器工作原理

鱼群探测设备等。利用超声波进行距离检测的原理是,将超声波向被检测物体发射,并由被检测物体反射回来,通过检测从开始发射到接收到反射波时所用的时间来实现距离测量。超声波的发射和接收一般利用压电效应三极管来实现,并且发射与接收可以由同一个超声波三极管完成。

图 5-17 所示为利用超声波进行收割机割台高度自动检测原理,超声波传感器检测割台距地面的高度,并和给定高度相比较,再通过控制系统控制割台的升降,实现割台对地面的自动跟踪。

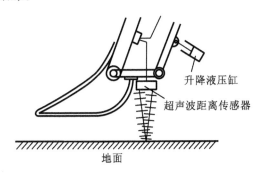

图 5-17 超声波距离传感器工作原理

5.2.6 温度、流量传感器

1. 热电偶温度传感器

将两种不同材质的导体 A、B 组成一个闭合回路,若两结点温度不同,在回路中就会产生一定的电流,其大小与两结点的温度差有关,这一现象称为热电效应。利用热电效应原理,由两种材料组成的热电转换元件称热电偶。国家定型的热电偶元件主要有铂铑-铂电偶、镍铬-镍硅电偶、镍铬-考铜电偶、铜-康铜电偶。不同的热电偶除其温度-电势不同外,适应的温度范围也不同。如铂铑-铂热电偶可短时间内测量高达 1 600 ℃ 的高温,而铜-康铜热电偶检测的最高温度只能达到 200 ℃,这点在使用时应引起足够重视。另外,由于热电偶反映的是两结点间的电势,检测后还要对其结果进行修正。

2. 热敏电阻传感器

热敏电阻是另一种温度敏感元件,通常由多种金属氧化物粉末高温烧结而成,其电阻值随温度的升高而下降。另一种热敏元件为半导体 PN 结,在一定温度范围内,PN 结端电压与其温度有着良好的线性关系,并且具有较大的温度系数,因此,应用越来越广泛。

3. 流量传感器

流量传感器根据工作原理不同分为涡流式和浮子式等多种形式。涡流式流量传感器工作原理如图 5-18 所示。涡轮叶片材料为导磁不锈钢,电磁脉冲检测组件由磁铁及线圈绕组构成。当管道中有液体流过时,涡轮叶片旋转,流速在一定范围内时,流量与涡轮转速成正比,此时电磁脉冲检测组件的输出频率也和流量成正比,只要对脉冲信号进行计数,即可换算出液体流量。

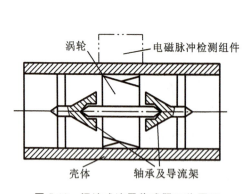

图 5-18 涡流式流量传感器工作原理

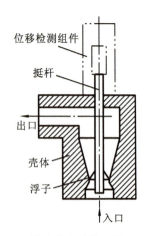

图 5-19 浮子式流量传感器工作原理

浮子式流量传感器工作原理如图 5-19 所示。当液体向上运动时,浮子上下两侧产生一定的压差,使浮子上浮。随着浮子上升,流体截面积加大,流速降低,浮力减少,直到浮子的重力与浮力达到平衡为止。很显然,流量与浮子上升的位移有一定的关系,只要检测出挺杆的位移量,即可换算出液体的流量。测量挺杆位移通常采用电感式或差动变压器式传感器,其目的是减小浮子上下运动的非线性阻力,提高测量准确度。

涡流式流量传感器具有结构简单、精度高、安装方便等优点,但量程范围比较小,流速过小或过大都会产生较大误差。浮子式流量传感器量程范围比较大,但工作条件要求比较高,由于靠重力平衡浮子的浮力,当发生倾斜或大幅度振动时,会造成较大误差,甚至无法工作。

5.3 检测系统组成及检测原理

我们在之前所学的课程中已讲过,检测系统的功用是对系统运行过程中所需的自身和外界环境参数及所处的状态进行检测,并将这些物理信号转变成系统可识别的电信号,接下来经过对信号的一些必要处理再传递给信息处理单元——控制系统,实现对运行过程的控制。那么,在信号传递给控制系统之前,对信号的采入、整理、转换这一系列过程都是由检测系统来完成的。5.2 节讲述的传感器是检测系统的第一个关键环节,那么,除了传感器之外检测系统还有哪些部分呢?

根据检测物理量及传感器的不同,检测系统的组成形式也不完全相同。同时,由于处理的信号有模拟信号和数字信号,所以检测系统的组成分为模拟量检测系统和数字量检测系统。

5.3.1 模拟量检测系统的组成及工作原理

已知模拟量检测系统的第一部分是传感器,信号从传感器中输出之后是电阻、电感、电容、电压、电流、频率等模拟信号,后三种信号可以直接测出,因此,可直接通过换算反推出物理信号(如位移等)的变化。而对于电阻,尤其是电感、电容这样的电信号则不容易测出,所以还要借助一些电路来实现由电感、电容、电阻到电压的转换,这些转换的电路就称为基本测量电路。因此,传感器和基本测量电路构成检测系统的第一个主要组成部分——传感器及基本测量电路。

从传感器及基本测量电路中输出的信号一般都是微弱的电信号(因为机电一体化产品都非常精密),这种微弱的信号无法推动后续的驱动电路工作,所以需要将其放大,因此下一组成结构是放大电路。而由于放大时采用交流选频耦合,这种放大电路只对特定频带的信号具有恒定的放大作用,对其他频率的信号放大系数比较小,而且存在误差。所以,从传感器及基本测量电路出来的信号必须进行处理,这个过程称为调制,而调制、放大后的信号已发生变化,故还要对其还原,即解调和滤波。因此,检测系统的第二个部分是调制电路+放大电路+解调电路+滤波电路。

因为输入到检测系统的信号是模拟信号,从放大部分这一环节出来的信号是放大了的模拟信号,而计算机能处理的信号是数字信号,所以还需要 A/D 转换电路,将模拟量转换成数字量。故检测系统的第三个部分是转换电路。

此外,还有接口电路。为了保证传感器有效地工作,降低其他参数对传感器的干扰,提高检测精度,一些检测系统中还有一些必要的辅助电路及处理环节等。

综上所析,模拟量检测系统的组成包括:传感器及基本测量电路+放大电路(调制电路+放大电路+解调电路+滤波电路)+转换电路+接口电路+辅助电路等。

下面,我们详细分析各部分的组成及功用。

1. 传感器及基本测量电路

传感器直接感受被检测物理量,并将非电量物理量的变化转换成易于处理的电量变化。由于电子元件电信号不容易准确测出,因此,工程实际中是通过电压的转换来加以测量,常采用的是电阻参数测量电路和电容参数测量电路等。

1) 电阻参数测量电路

电阻参数测量通常采用电桥电路来实现。

电桥电路根据结构的不同分为全桥和半桥;根据电源性质不同,电桥电路又分为直流电桥和交流电桥;根据过程电桥元器件的不同,电桥电路又分为电阻电桥、电感电桥和电容电桥。电阻电桥是由电阻元件组成的电桥。下面以全电阻电桥测量电路(见图 5-20)为例分析电桥的工作原理。

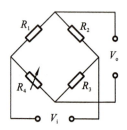

图 5-20 全电阻电桥测量电路

输入端电压 V_i 已知,如果使 $V_o=0$,则有

$$V_{R1} - V_{R4} = 0 \quad 即 \quad V_{R1} = V_{R4}$$

则

$$\frac{R_1}{R_1+R_2}V_i = \frac{R_4}{R_3+R_4}V_i$$

$$\frac{R_1}{R_1+R_2} = \frac{R_4}{R_3+R_4}$$

即
$$R_1 R_3 = R_2 R_4 \quad (对臂乘积相等) \tag{5-5}$$

则输出电压 V_o 为 0,此时称电桥平衡。当某一个电阻阻值发生了变化,这种平衡被破坏,设 R_4 产生 ΔR 变化,则输出电压为

$$V_o = \left[\frac{R_1}{R_1+R_2} - \frac{R_4+\Delta R}{R_3+(R_4+\Delta R)}\right]V_i \tag{5-6}$$

如果四个臂的阻值均相等,即 $R_1=R_2=R_3=R_4=R$,则式(5-6)可改写成

$$V_o = \left[\frac{1}{2} - \frac{R+\Delta R}{2R+\Delta R}\right]V_i$$

$$V_o = \left[\frac{2R+\Delta R - 2R - 2\Delta R}{2(2R+\Delta R)}\right]V_i$$

即
$$V_o = \frac{-\Delta R}{4R+2\Delta R}V_i \tag{5-7}$$

这种电桥称为等臂电桥。

利用全电阻电桥电路可以检测微弱的电阻变化,但其输出电压也很微弱。如利用电阻应变片组成的电桥输入电压为 5 V,等臂电阻阻值为 120 Ω,当 R_1 上产生 0.1 Ω 的阻值变化时,根据式(5-7),电桥的输出电压为

$$V_\circ = \frac{-0.1}{4\times 120 + 2\times 0.1} \times 5 \text{ V} = -0.00104 \text{ V} = -1.04 \text{ mV}$$

这样小的输出,难以推动信号转换电路或其他部件工作,因此,必须利用放大电路将其放大。

2) 电容参数测量电路

电容传感器输出为电容量,必须经过测量电路将其转换为电压、电流或频率信号,才能被进一步处理。常用的测量电路有电容电桥测量电路、调频电路及电容比例电路等。

电容电桥电路是将传感器电容作为交流电桥的一部分。当电容传感器值发生变化,电桥不平衡,输出端有电压输出,经过放大、解调及滤波处理后,输出值即可反映电容量的变化情况。

此外,还有电感类传感器测量电路等。

2. 放大电路(调制电路+放大电路+解调电路+滤波电路)

如果测量电路的输出信号比较强,放大电路的放大倍数可以较小,或不用放大。低放大倍数的放大器可以采用简单的单级直流放大电路。

放大电路的功用就是将传感器的微弱信号进行适当放大,以获得足够大的电压或电流,推动后继环节工作。这时必须采用具有多级放大的高倍放大器进行放大。

多级放大器各级间一般采用交流选频耦合,这种放大电路只对特定频带的信号具有恒定的放大作用,对其他频率的信号放大系数比较小。这样,可以减少前级电路的噪声干扰等误差进入后级电路。一般的机械信号多为直流信号或低频的缓变信号,为了能利用交流放大器对直流信号或低频信号进行恒定的放大,需要把低频信号或直流信号变成一定频率的交流信号,再送入放大器进行放大。对放大后的信号进行适当处理,从中还原出有用信号。因此,放大环节包括调制电路+放大电路+解调电路+滤波电路。

1) 调制电路

将直流或频率较低的缓变信号变成频率较高的交流信号的过程称为调制,调制过程是利用频率较低的信号控制一个频率较高的信号,使频率较高信号的某些特征随着低频信号变化而变化。频率较高的信号称为载波,低频信号称为调制信号。

如果被控制的量是载波信号的幅值,这种调制称为调幅;如果被控制的量是载波信号的频率,则称为调频或调相。

图 5-21 所示为调幅载波各波形的关系示意图,实际上调幅过程是两个信号相乘过程(当调制信号为正时,调制波信号和调制信号相位一致;当调制信号为负时,调制

波信号和调制信号相位相差180°)。

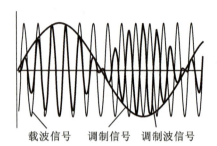

载波信号　调制信号　调制波信号

图 5-21　信号调制波形示意图

将频率较高的载波信号作为输入信号加到传感器电路上,即可实现调幅载波调制。由于调幅处理电路实现简单,在检测电路中被广泛使用。

2) 解调电路

放大后的调幅载波信号需进行解调才能还原出调制信号,相敏检波器就可实现解调功能。

从调制波中分离出调制信号的过程称为信号的解调。由于当调制信号为正时,调制波信号和调制信号相位一致;当调制信号为负时,调制波信号和调制信号相位相差180°。显然,利用简单的单二极管检波电路只能检出调制波信号的正半周(或负半周)。要正确检出调制信号,应根据调制波信号和调制信号相位差情况,分别检出正半周或负半周信号,能完成这样功能的检波电路称为相敏检波器。

3) 放大电路

采用交流选频耦合放大器进行放大。

4) 滤波电路

相敏检波器输出的信号再经过滤波电路滤掉载波频率,即可还原出调制信号。

3. 转换电路

检测系统检测到的信号需要送入信息处理系统作进一步处理,信息处理系统根据处理分析的结果发出指令,以控制执行机构执行动作。如果信息处理系统为数字系统,如计算机系统,就必须将检测到的模拟信号转换为数字信号,才能被数字系统接受。转换电路的目的是将测量电路或放大电路输出的模拟量转换为数字量。当然,如果信息系统本身是模拟系统,这种转换就不必要了。

完成模拟量到数字量转换的最简单方法是利用模/数转换芯片,即 A/D 芯片。所谓模/数转换(A/D 转换),是指将模拟量离散成数字量的过程。对于一种型号的 A/D 芯片,设允许输入的电压范围为 0~5 V,转换精度为 8 位。如果输入端电平为 0 V 时,A/D 转换单元的输出为 8 个 0;如果输入端电平为 5 V 时,A/D 转换单元的输出为 8 个 1。反之,如果 A/D 输出为"10000000"即 128,则表示其输入端电平为

5/255×128＝2.509 8 V,这样,可将 0～5 V 的输入范围离散为 256 个由 8 位"0"和"1"组成的二进制数字形式输出,这就是 A/D 转换的基本原理。很显然,A/D 转换输出的二进制位数越多,转换的精度就越高。

A/D 完成一次转换需要花费一定的时间。目前,常用 12 位的 A/D 芯片的转换时间在几十微秒,也就是说,一秒钟可以完成十几万个或几十万个模拟量到数字量的转换。

图 5-22 所示为一种具有模拟量切换开关,8 位转换精度的 A/D 芯片内部逻辑结构图。A/D 转换具体由其中的 A/D 转换器来完成,这种 A/D 芯片内部集成了一个模拟量切换开关,目的是分别将多路模拟量分别切入 A/D 转换器进行转换,如果需要将 8 路模拟量分别切入,则需要 3 条地址线来控制哪路需切入。A/D 转换后送入锁存器暂时保存,并通过一组门电路输送出去。

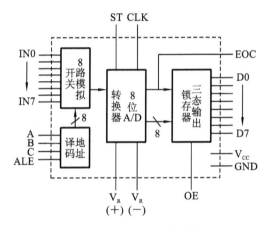

图 5-22　A/D 芯片逻辑结构图

A/D 芯片一般是在计算机的 CPU 控制下进行工作的。要完成一次转换,CPU 首先发出 3 位地址码到 A、B、C 三条地址线上,再发出 ALE 指令将地址码锁定在地址译码器中,此时地址译码器选通 8 个模拟输入中的一路与转换器的模拟输入端连接;然后 CPU 发出 ST 信号,控制转换芯片开始转换,转换完成后转换器发出完成信号。完成信号一方面通知锁存器将转换后的结果保存起来,另一方面,通过 EOC 端通知 CPU 转换已完成。CPU 收到 EOC 信号后,发出读指令到锁存器的 OE 端,并将锁存器中的数据读出,完成一次转换。

除了 A/D 转换芯片可以完成模拟量到数字量的转换外,在转换速度要求不是很高的情况下,还可以使用频率计数方式,间接完成模拟量到数字量的转换。如电感或电容传感器调频检测电路输出信号的频率随传感器检测参数的变化而变化,如果对输出的频率进行定时计数,单位时间内计数器的值就可以反映传感器的测量值。

5.3.2 数字信号检测系统(脉冲信号的检测系统)

脉冲信号也称数字信号或开关信号。很多类型的传感器,如光栅式位移传感器、编码式位移传感器及限位开关触点等的输出都为脉冲信号。脉冲信号的检测方法不同于模拟信号的检测,传感器输出信号经必要的放大、整形后即可通过接口电路直接送入计算机系统进行处理。

1. 脉冲信号的拾取电路

脉冲信号的拾取电路要比模拟信号的测量电路简单一些。下面以目前常用的光电脉冲拾取电路为例,介绍脉冲信号拾取电路的基本原理。

光电脉冲传感器由发光二极管和光电三极管组成,发光二极管产生恒定的光线,通过光栅射入光电三极管。光电三极管实际上是一种光敏三极管,光线的作用相当于三极管的基极电流。当无光线射入时,集电极和射极之间只有微弱的漏电流流过;当有光线射入时,集电极和射极之间的电流在一定范围内随光线射入的强度改变而变化。如 3DU2A 型硅光电三极管,暗光时电流强度在 $0.3\ \mu A$ 以下,当光线强度达到 $100\ lx$ 时,集电极电流强度不小于 $0.5\ mA$。

根据光电三极管的特性,可以利用简单的共射极电路或共集电极电路将三极管的电流转换成电压输出,图 5-23(a)所示为一射极输出的转换电路。

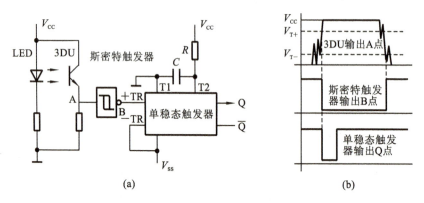

图 5-23 光电脉冲信号拾取及整形原理

(a)光电转换、脉冲整形电路;(b)波形图

2. 脉冲信号的整形电路

由于光电检测的光栅在条纹交替时,会出现一个过渡状态,使光电三极管的输出产生抖动现象,如图 5-23(b)所示。为了消除这种抖动,需要对三极管的输出进行整形处理,这种处理通常利用斯密特触发器进行。斯密特触发器具有"回差"特性,输入电压必须高于上触发电平 V_{T+} 或必须低于下触发电平 V_{T-},触发器才翻转,两电平的差 $V_{T+}-V_{T-}$ 称为"回差"。利用斯密特触发器这一特性,可以很好消除脉冲边缘的

抖动现象。

另外,光栅运行速度的快慢会直接影响输出脉冲的宽度。要获得固定宽度的脉冲信号,还需要利用单稳态触发器或其他电路对信号作进一步处理。其中单稳态触发器的 R 和 C 的值,决定了触发器的输出脉冲宽度,如 $R=20$ kΩ、$C=1\,000$ pF 时,输出的脉冲宽度为 20 μs 左右。

有些现场触点开关或电磁开关在工作时会产生较大干扰,如果将这些开关直接接入检测电路,可能造成电路损坏。为了减少干扰,避免造成电路的损坏,通常采用光电耦合元件将现场电路与检测电路进行电隔离。一般型号的光电耦合元件隔离电压可达 500 V 以上。

5.3.3 通用数据采集卡

通用数据采集卡是由专业厂家设计生产的,作为计算机采集数据接口的电路板。由于是专门设计并由专业厂家生产,因此,通用数据采集卡具有功能强大、稳定性好及性价比高等特点,广泛应用在工业监控装置、现场数据采集与监视系统。有些多功能卡同时还带有 A/D 转换部分,可以输出模拟量和开关量,因此,在计算机自动控制系统中得到广泛应用。

1. 数据采集卡

数据采集(DAQ),是指从传感器和其他待测设备等模拟和数字被测单元中自动采集非电量或电量信号,送到上位机中进行分析、处理。数据采集系统是结合基于计算机或其他专用测试平台的测量软硬件产品来实现灵活的、用户自定义的测量系统。数据采集卡,即实现数据采集功能的计算机扩展卡,可以通过 USB、PXI、PCI、PCI Express、火线(1394)、PCMCIA、ISA、Compact Flash、485、232、以太网、各种无线网络等总线接入个人计算机。

为了满足 IBM-PC 机及其兼容机用于数据采集与控制的需要,国内外许多厂商生产了各种各样的数据采集卡(或 I/O 卡)。这类卡均参照 IBM-PC 机的总线技术标准设计和生产,用户只要把这类卡插入 IBM-PC 机主板上相应的 I/O 扩展槽中,就可以迅速方便地构成一个数据采集与处理系统,从而大大节省硬件的研制时间和投资成本,又可以充分利用 IBM-PC 机的软硬件资源,还可以使用户集中精力对数据采集与处理中的理论和方法进行研究,进行系统设计及程序的编制等。

基于 PC 总线的板卡种类很多,其分类方法也有很多种。按照卡处理信号的不同可以分为模拟量输入卡(A/D 卡)、模拟量输出卡(D/A 卡)、开关量输入卡、开关量输出卡、脉冲量输入卡、多功能卡等。其中,多功能卡可以集成多个功能,如数字量 I/O 卡将模拟量输入和数字量 I/O 集成在同一张卡上。根据总线的不同,可分为 PXI/CPCI 卡和 PCI 卡。

还有其他一些专用 I/O 卡,如智能接口卡、虚拟存储板(电子盘)、信号调理板、专用(接线)端子板等,这些种类齐全、性能良好的 I/O 卡与 IPC 配合使用,使系统的构成十分容易。

在工业现场,我们会安装很多各种类型的传感器,如压力传感器、温度传感器、流量传感器、声音传感器、电参数传感器等,受现场环境的限制,传感器信号(如压力传感器输出的电压或电流信号)传送距离太远或因为传感器太多、布线复杂,就应选用分布式或者远程的采集卡(模块),在现场把信号较高精度地转换成数字量,然后,通过各种远传通信技术(如 485、232、以太网、各种无线网络)把数据传到计算机或其他控制器中进行处理。这种也算作数据采集卡的一种,只是它对环境的适应能力更强,可以应对各种恶劣的工业环境。

如果是在比较好的现场或实验室,如学校的实验室,就可以使用 USB/PCI 这种采集卡。和常见的内置采集卡不同,外置数据采集卡一般采用 USB 接口和 1394 接口,因此,外置数据采集卡主要是指 USB 采集卡和 1394 采集卡。

数据采集卡绝大多数用于采集模拟量、数字量、热电阻、热电偶数据,其中,热电阻可以认为是非电量(其实本质上还是要用电流驱动来采集)。模拟量采集卡和数字量采集卡应用最广泛。

现在市场上有一种二合一采集卡,二合一是指含有数字模拟采集卡和 AV+DV 采集卡,数字与模拟二合为一,数字输入/输出,模拟接口输入(DV/AV/S-video)。

采集卡在实际应用中经常需要它输出控制信号。采集卡广泛应用于安防监控、教育课件录制、大屏拼接、多媒体录播录像、会议录制、虚拟演播室、虚拟现实、安检 X 光机、雷达图像信号、VDR 记录仪、医疗 X 光机、CT 机、胃肠机、阴道镜、工业检测、智能交通、医学影像、工业监控、仪器仪表、机器视觉等领域。

2. 多路模拟开关

模拟开关是数据采集系统中的主要部件之一,它的作用是切换各路输入信号。在测控系统中,被测物理量经常是几个或几十个。为了降低成本和减小体积,系统中通常使用公共的采样保持器、放大器及 A/D 转换器等器件,因此,需要使用多路开关轮流把各路被测信号分时地与这些公用器件接通。多路开关主要有电力机械开关和集成模拟电子开关。电力机械开关中最常用的是继电器,由于其体积大,切换速率慢,因而在数据采集中很少使用。集成模拟电子开关是用开关元件构成的开关电路,它具有体积小、切换速率高、无抖动、耗电少、工作可靠和容易控制等优点,在测试技术中得到广泛应用。

如图 5-24 所示,以八选一模拟开关 CD4501 为例说明模拟开关的结构和工作原理。CD4501 主要由 8 路 CMOS 开关、译码电路和电平转换电路三部分组成。模拟开关作为输入信号的通路,开关闭合时,该路信号可以通过,开关断开时,该路信号被阻断。模拟开关的状态受来自计算机或其他数字电路的信号控制。为了适应不同电平,设有电平转换电路。可将输入的 TTL 电平的控制信号转换为 CMOS 电平。

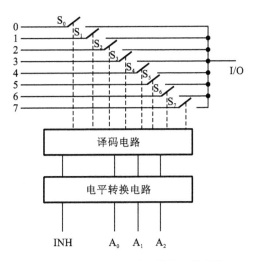

图 5-24 CD4051 八选一模拟开关结构

CD4051 的控制信号可以是 TTL 电平也可以是 CMOS 电平。译码电路控制各模拟开关的开启,将输入的控制信号进行译码后,选出相应的通道,使之闭合。A_0、A_1、A_2 是各开关的数字控制信号输入端,A_0、A_1、A_2 = 000～111 时,可分别选通开关通道 0～7。INH 为禁止端,当其为高电平时,各通道的信号均被阻断。CD4051 的真值如表 5-2 所示。

表 5-2 CD4051 真值表

INH	地 址 输 入			通道号
	A_2	A_1	A_0	S_i
1	5	5	5	—
0	0	0	0	S_0
0	0	0	1	S_1
0	0	1	0	S_2
0	0	1	1	S_3
0	1	0	0	S_4
0	1	0	1	S_5
0	1	1	0	S_6
0	1	1	1	S_7
1	5	5	5	—

3. 模拟信号采样与保持

1) 模拟信号采样

所谓采样,就是把时间连续的信号变成一系列不连续的脉冲时间序列。采样过程如图 5-25 所示,$f(t)$ 是连续信号,通过采样开关 S 后,变成一连串的脉冲信号 $f^*(t)$。采样开关 S 又称采样器,它实质上是一个模拟开关,每隔时间间隔 T 就闭合一次,每次闭合持续时间 τ。T 称为采样周期,其倒数 $f_0=1/T$ 称为采样频率;τ 称为采样时间或采样宽度;$0,T,2T,\cdots$ 各时刻称为采样时刻。采样后的脉冲序列 $f^*(t)$ 称为采样信号,它在时间轴上是离散的,但在函数轴上仍是连续的,在经过 A/D 转换之前,采样信号 $f^*(t)$ 是一个离散的模拟信号。

为了保证在采样过程中不丢失原来信号中所包含的信息,采样频率必须按照香侬(shannon)采样定理来确定,即要求:

$$f_s \geqslant 2f_{max} \tag{5-8}$$

式中,f_{max} 是被采原信号 $f(t)$ 的最高频率。在实际应用中,常取 $f_s \geqslant (5 \sim 10)f_{max}$。

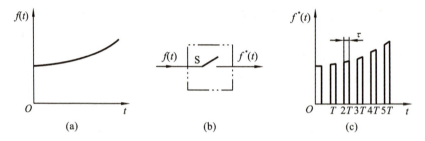

图 5-25 采样过程

(a)连续信号;(b)采样开关;(c)模拟信号

2) 模拟信号保持

由于采样信号 $f^*(t)$ 在函数轴上仍是连续变化的模拟量,因此,还需用 A/D 转换器将其转换成数字量。A/D 转换过程需要一定时间,并且如果取值不在采样的时间内则可能产生误差。为了防止产生误差,要求在此期间内保持采样信号不变。实现这一功能的电路称为采样/保持电路。

4. 模拟量的转换输入方式

模拟量的转换输入方式根据转换装置结构和要求不同可分为四种,如图 5-26 所示。图 5-26(a)所示为最简单的一种输入方式,它仅适用于只有一路检测信号的场合。第二种转换输入方式如图 5-26(b)所示,多路检测信号共用一个 A/D 转换器,通过模拟多路开关依次对各路信号进行采样,其特点是电路简单,节省元器件,成本低,但由于转换器的采样速率要分配给多路信号采集,使具体到每一路信号的采样速度低,不能获得同一瞬时的各路信号,这种方式一般用于多通道缓变信号的采样。第三种转换输入方式如图 5-26(c)所示,它与第二种方式的主要区别是信号的采样/保持电路在多路开关之前,因而可获得同一瞬时的各路信号。图 5-26(d)所示中各路信号都有单独的采样/保持电路和 A/D 转换器,这样,可根据检测信号的特点,分别采用不同的采样/保持电路或不同精度的 A/D 转换器,因而灵活性大、抗干扰能力强,但电路复杂,采用的元器件较多,一般成本较高。

上述四种转换输入方式中,除第一种外,其他三种都可用于对多路检测信号进行采集,因此,对应的系统常被称为多路数据采集系统。

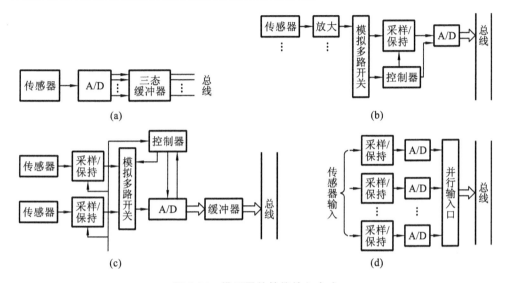

图 5-26 模拟量的转换输入方式

(a)简单方式;(b)多路信号共用一个 A/D 转换器;(c)采样/保持电路在多路开关之前;
(d)信号有单独的采样/保持电路和 A/D 转换器

5.4 数字信号的预处理

检测信号被采入计算机后,尚需经过预处理才能交付应用程序使用。预处理的主要任务是去除混杂在有用信号中的各种干扰信号。干扰信号通常有周期性干扰和随机性干扰两类。典型的周期性干扰是 50 Hz 的共频干扰,采用积分时间为 20 ms 整数倍的双积分型 A/D 转换器,可有效地消除其影响。对于随机性干扰,可采用数字滤波的方法予以消除或削弱。

数字滤波器实质上是一种程序滤波(软滤波),它在通信、雷达、测量、控制等领域中得到广泛的应用,它与模拟滤波器相比具有如下优点:数字滤波器是计算机的运算过程,不需要额外的硬件设备,不存在阻抗匹配问题,可靠性高,稳定性好;可根据信号的不同对频率很低或很高的信号实现滤波。

应当指出,尽管数字滤波器具有许多模拟滤波器所不具备的特点,但它并不能代替模拟滤波器。因为输入模拟信号必须转换成数字信号后才能进行数字滤波,当输入信号很小,而且混有干扰信号时,就必须使用模拟输入滤波器。另外,在采样测量中,为了消除混叠现象,往往在信号输入端加抗混叠滤波器,这也是数字滤波器所不能代替的。由此可见,模拟滤波器和数字滤波器在检测和控制中是不可缺少的。下面介绍常用的几种数字滤波方法。

(1) 低通滤波　当被测信号变化缓慢时,可采用数字低通滤波的方法去除干扰。数字低通滤波器利用软件算法来模拟硬件低通滤波器的功能,实现对信号的低通滤波。

(2) 中值滤波　中值滤波方法对缓慢变化的信号中由于偶然因素引起的脉冲干扰具有良好的滤除效果。其原理是对信号连续进行 n 次采样,然后对采样值排序,并取序列中位值作为采样有效值,采样次数 n 一般取为大于 3 的奇数。

(3) 算术平均滤波　算术平均滤波的原理是对信号连续进行 n 次采样,以其算术平均值作为有效采样值。算术平均滤波方法对压力、流量等具有周期脉动特点的信号具有良好的滤波效果。采样次数 n 越大,滤波效果就越好,但灵敏度也越低,一般为便于运算处理,常取 $n=2^1,2^2,2^3,\cdots$

5.4.1　传感器的非线性补偿

实际上,许多传感器的输出信号与被测参数间存在着非线性,直接影响着机电一体化产品的精度。因此,常采用软件方法对传感器的非线性特性进行补偿,以降低对传感器的要求,提高检测精度。软件补偿方法灵活,不需要额外的硬件设备,因而应用广泛。软件补偿方法很多,概括起来有计算法和查表法两种,下面介绍工程中常用的代数插值法。

代数插值法以多项式作为插值函数,因而又称为多项式插值法。采用这种方法进行非线性补偿时,首先需根据传感器的标定数据建立插值多项式,具体方法如下。

设传感器的输入信号为 y,输出信号为 x(x 也就是被计算机采入的数据——电信号,为已知数据),输出与输入的函数关系为 $y=f(x)$,通过标定可得到对应于 $n+1$ 组离散点 $(x_0,y_0),(x_1,y_1),\cdots,(x_n,y_n)$ 的未知函数 $f(x)$,且有

$$y_0=f(x_0),y_1=f(x_1),\cdots,y_n=f(x_n)$$

所谓插值法就是设法找一个函数 $\rho_n(x)$ 去逼近函数 $f(x)$,使 $\rho_n(x)$ 在 $x_i(i=0,1,\cdots,n)$ 处与 $f(x_i)$ 相等。$\rho_n(x)$ 称为 $f(x)$ 的插值多项式。

用一个次数不超过 n 次的代数多项式

$$\rho_n(x)=a_n x^n+a_{n-1}x^{n-1}+\cdots+a_1 x+a_0 \tag{5-9}$$

去逼近,使在节点处满足

$$\rho_n(x_i)=f(x_i)=y_i \tag{5-10}$$

由于多项式 $\rho_n(x)$ 中的未定系数有 $n+1$ 个,由式(5-9)和式(5-10)可得到关于系数 $a_n,\cdots,a_1,a_0$ 的线性方程组:

$$\begin{cases} a_n x_0^n + a_{n-1} x_0^{n-1} + \cdots + a_1 x_0 + a_0 = y_0 \\ a_n x_1^n + a_{n-1} x_1^{n-1} + \cdots + a_1 x_1 + a_0 = y_1 \\ \qquad\qquad\qquad\qquad\qquad \vdots \\ a_n x_n^n + a_{n-1} x_n^{n-1} + \cdots + a_1 x_n + a_0 = y_n \end{cases} \quad (5\text{-}11)$$

可以证明,当 $x_0, x_1, \cdots, x_n$ 互异时,方程组(5-11)有唯一的一组解。因此,一定存在一个唯一的 $\rho_n(x)$ 满足所要求的插值条件。

这样,只要根据已知的 x_i 和 $y_i (i=0,1,\cdots,n)$ 去求解方程组(5-11),就可以求出 $a_i (i=0,1,\cdots,n)$,从而得到 $\rho_n(x)$,$\rho_n(x)$ 确定后,可根据传感器的输出值 x,用 $\rho_n(x)$ 代替 $f(x)$ 去计算传感器的输入值 y(被测量)的大小,以实现非线性补偿。

在实际应用中,$\rho_n(x)$ 的阶次 n 需根据要求的逼近精度来确定。一般来讲,n 值越大,逼近精度越高,但计算工作量也越大。

为便于计算,实际中常用的是线性多项式插值方法,即 $n=1$,式(5-9)变为

$$\rho_n(x) = a_1 x + a_0$$

采用线性插值法,相当于在传感器的两个相邻标定点 (x_i, y_i) 和 (x_{i+1}, y_{i+1}) 之间用直线 $\rho_1(x)$ 相连,在区间 $[x_i, x_{i+1}]$ 上用 $\rho_1(x)$ 代替 $f(x)$ 去计算传感器的输入值 y。若传感器有 $n+1$ 个标定点,则可建立 n 个区间(区间长度可相等,也可不等),各区间上的线性插值多项式为

$$\rho_{1i} = a_{1i} x + a_{0i}, \quad i = 1, 2, \cdots, n \quad (5\text{-}12)$$

式中

$$a_{1i} = \frac{f(x_i) - f(x_{i-1})}{x_i - x_{i-1}} \quad (5\text{-}13)$$

$$a_{0i} = f(x_{i-1}) - a_{1i} x_{i-1} \quad (5\text{-}14)$$

采用线性插值法对传感器的非线性进行补偿时,应先根据传感器的标定值按式(5-13)、式(5-14)求出系数 a_{1i}、a_{0i},然后将 a_{1i}、a_{0i} 做成表格,编在程序里。程序运行时,先判断采样值 x 位于哪个区间,然后取出该区间对应的系数 a_{1i} 和 a_{0i},按式(5-12)即可求得对应于 x 的传感器输入值(即被测量)y。

5.4.2 零位误差和增益误差的补偿

在检测系统中,由于传感器、测量电路和放大电路等不可避免地存在温度和时间漂移,并引起零位误差和增益误差。这类误差属于系统误差,当误差较大时,常采用软件方法对其进行补偿。

1. 零位误差补偿

采用软件方法对零位误差进行补偿又称数字调零,其原理是在微机控制下将多路开关任一路被测信号接通,并经测量及放大电路和 A/D 转换器后,将信号采入微机。在测量时,先将多路开关接通某一被测信号,然后再将其切换到零信号输入端,

由微机先后对被测量和零位信号进行采样。该采样值分别为 x 和 a_0，其中 a_0 即为零位误差，编程使微机执行下列运算：

$$x = x - a_0 \tag{5-15}$$

就可得到经过零位误差补偿后的采样值 x。

这种零位误差补偿方法简单、灵活，可把检测系统的零点漂移一次性全部补偿掉，既提高了检测精度，又降低了对电子元器件的要求。这种零位误差补偿方法已经在智能化数字电压表、数字欧姆表及机电一体化产品中得到广泛的应用。

2. 增益误差补偿

增益误差补偿又称校准，采用软件方法可实现全自动校准，其原理与数字调零相似。在系统工作时，可每隔一定时间自动校准一次。校准时，在微机控制下先把多路开关接地，得到采样值 a_0，然后把多路开关接基准输入 V_R，得到采样值 x_R 并寄存 a_0 和 x_R。在正式测量时，如测得对应输入信号 V_i 的采样值 x_i，则输入信号 V_i 可按下式计算：

$$\frac{V_i}{V_R} = \frac{x_i - a_0}{x_R - a_0}$$

即

$$V_i = \frac{x_i - a_0}{x_R - a_0} V_R \tag{5-16}$$

采用上述方法可使输入信号 V_i 与检测系统的漂移和增益变化无关，因而实现了增益误差的补偿。

思 考 题

5-1 检测系统的基本特性是什么？
5-2 常用传感器有哪些？
5-3 说明差动电感式线位移传感器结构原理。
5-4 什么是编码式线位移传感器？
5-5 光栅式线位移传感器的原理是什么？
5-6 加速度与速度传感器包含哪些？
5-7 接近传感器与距离传感器包含哪些？
5-8 力传感器包含哪些？
5-9 模拟量检测系统的组成与原理是什么？

第6章 机电一体化系统的伺服与控制

【本章导读】 伺服系统是用来精确地跟随或复现某个过程的反馈控制系统,又称随动系统。在很多情况下,伺服系统专指被控制量(系统的输出量)是机械位移或位移速度、加速度的反馈控制系统,其作用是使输出的机械位移(或转角)准确地跟踪输入的位移(或转角)。伺服控制系统最初用于船舶的自动驾驶、火炮控制和指挥仪中,后来逐渐推广到很多领域,特别是自动车床、天线位置控制、导弹和飞船的制导等。采用伺服系统主要是为了达到下面几个目的:①以小功率指令信号去控制大功率负载;②在没有机械连接的情况下,由输入轴控制位于远处的输出轴,实现远距同步传动;③使输出机械位移精确地跟踪电信号,如记录和指示仪表等。

6.1 伺服系统的基本结构形式及特点

6.1.1 伺服系统的基本概念

伺服系统是指以机械位置或角度作为控制对象的自动控制系统,又称随动系统或伺服机构。所谓伺服就是"伺候服侍"的意思,是指在控制命令的指挥下,控制执行元件工作,使机械运动部件按照控制命令的要求进行运动,并具有良好的动态性能。

伺服系统是基本的机电一体化控制系统,其输出量是机械位置和角度,是机电一体化产品的一个重要组成部分。伺服系统主要用于机械设备位置和角度的动态控制,广泛应用于工业控制、军事、航空、航天等领域,如数控机床、工业机器人等。

6.1.2 伺服系统的基本要求

伺服系统的驱动与所使用的执行元件有关,常见的执行元件有:直流伺服电动机、交流伺服电动机、步进电动机、液压缸、液压马达、气缸、气压阀等。由于执行元件是直接的被控对象,为了能按照控制命令的要求准确、迅速、精确、可靠地实现对控制对象的调整与控制,对伺服系统提出如下基本要求。

1. 高可靠性

执行元件直接面对被控对象,一般所处的环境恶劣,其工作的可靠性,关系到机电一体化产品及装置的工作性能,是执行元件的首要指标。

2. 良好的动态性

执行元件在接受控制命令后要有快速反应,要在很短的时间内动作。例如:漏电保护开关的执行机构必须在几十毫秒内切断电源等。

3. 动作的准确性

从控制角度来看,机电一体化产品的工作精度除了要有良好的控制校正技术外,还依赖于执行元件动作的准确性。

4. 高效率

执行元件必须具有高效率,在伺服系统的执行元件中,广泛使用的是伺服电动机,其作用是把电信号转换为机械运动。伺服电动机技术性能直接影响着伺服系统的动态特性、运动精度和调速性能等。

一般情况下,伺服电动机应满足如下的技术要求。

(1) 具有较硬的机械特性和良好的调节特性。

机械特性是指在一定的电枢电压条件下,转速和转矩的关系。调节特性是指在一定的转矩条件下,转速和电枢电压的关系。理想情况下,两种特性曲线是一直线,如图 6-1 所示。

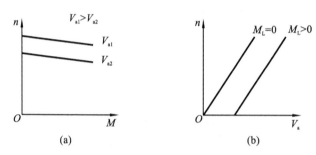

图 6-1 伺服电动机的机械特性和调节特性
(a) 机械特性;(b) 调节特性

(2) 具有宽广而平滑的调速范围。

伺服系统要完成多种不同的复杂动作,需要伺服电动机在控制指令的作用下,转速能够在很广的范围内调节。性能优异的伺服电动机其转速变化可达到 1∶10 000。

(3) 具有快速响应特性。

所谓快速响应特性是指伺服电动机从获得控制指令到按指令要求完成动作的时间要短。响应时间越短,说明伺服系统的灵敏性越高。

(4) 具有小的空载始动电压。

伺服电动机空载时,控制电压从零开始逐渐增加,直到电动机开始连续运转,此时的电压称为伺服电动机的空载始动电压。在外加电压低于空载始动电压时,电动机不能转动,这是由于此时电动机所产生的电磁转矩还不够克服电动机空转时所需的空载转矩。可见,空载始动电压愈小,电动机启动愈快,工作愈灵敏。由于空载始动电压的存在,使伺服电动机的调节特性成为不通过原点的直线,如图 6-2 所示。特性曲线与横轴的交点 V_{B0} 即为空载始动电压值。

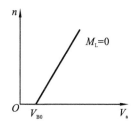

图 6-2 空载始动电压

6.1.3 伺服系统的基本结构形式

伺服系统的结构形式很多,其组成和工作情况也各不相同。(广义)伺服系统的一般结构形式采取闭环控制,包含控制器、功率放大器、执行机构和检测装置四个部分,如图 6-3 所示。

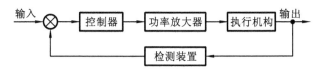

图 6-3 伺服系统的基本组成

1. 控制器

控制器的功能是根据输入信号和反馈信号比较的结果,决定控制的方式。常用的控制有 PID 控制和最优控制等。控制器一般由电子线路或计算机组成。

2. 功率放大器

控制器输出的信号通常都很微弱,需经功率放大器放大后,才能驱动执行机械动作。功率放大器主要由电子器件组成。

3. 执行机构

执行机构直接与被控对象打交道,最终执行控制器的指令,完成某种特定的动作。执行机构要准确、迅速、精确、可靠地实现对被控对象的调整和控制。执行机构主要由各种执行元件和机械传动装置等组成。

4. 检测装置

为了提高工作精度和抗干扰能力,伺服系统一般采用闭环控制。检测装置是系统的反馈环节,通过检测装置的测量,将执行机构的输出信号反馈到伺服系统输入端,实现反馈控制。反馈信号一般为位置反馈信号、速度反馈信号和电流反馈信号,要经多种传感元件进行检测。用来检测位置信号的装置有:自整角机、旋转变压器、光电编码器等。用来检测速度信号的装置有:测速发电机、旋转变压器、光电编码器等。用来检测电流信号的装置有:取样电阻、霍尔集成电路传感器等。对检测装置的要求是精度高、线性度好、可靠性高、响应快。

6.1.4 （广义）伺服系统的分类

图 6-4 所示为数控机床伺服系统一般结构，它是一个位置随动系统，由速度环和位置环构成。速度控制单元由速度调节器、电流调节器及功率驱动电源等组成。位置环由位置控制模块与速度控制单元、位置检测及反馈等部分构成。

伺服系统的种类很多，按照系统执行元件的性质，可分为电气伺服系统、液压伺服系统和气动伺服系统。其中，电气伺服系统又可分为直流伺服系统、交流伺服系统和步进伺服系统。按照系统的控制方式，可分为开环伺服系统和闭环伺服系统。开环伺服系统无检测反馈环节，结构简单，调试、维护方便，成本低，但精度低，抗干扰能力差，一般用于精度、速度要求不高的机电一体化系统。闭环伺服系统由于采用了反馈控制原理，具有精度高、调速范围宽、动态性能好等优点，但系统结构复杂、成本高，用于高精度、高速度的机电一体化系统。

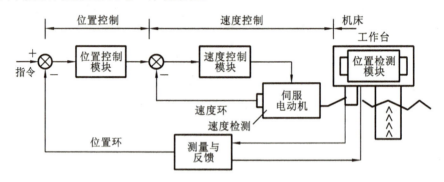

图 6-4 数控机床伺服系统一般结构

6.2 伺服系统的执行元件

6.2.1 执行元件的种类及特点

各种机电一体化产品和装置都是为完成某一任务或达到某种特定目标而制造的。但直接参与调节及完成动作指令的是执行元件，因此，要求执行元件能够按控制器的指令，准确、迅速、精确、可靠地实现对被控对象的调整和控制。执行元件的种类繁多，通常，按推动执行元件工作的能源形式分为三种：电动式、液压式和气动式。它们各有特点，应用的场合也不完全相同。

1. 电动执行元件

电动执行元件以电能作为动力，并把电能转变成位移或转角，以实现对被控对象的调整和控制。电动执行元件主要以电动机为主，具有高精度、高速度、高可靠性、易于控制等特点。常见的有直流伺服电动机、交流伺服电动机、步进电动机等。一般来说，电动机虽然能把电能转换为机械能，但电动机本身缺少控制能力，需要电力变换控制装置的支持。随着电子技术的快速发展，电动执行元件的性能有了显著提高，从而使电动执行元件有了非常广泛的应用。

2. 液压执行元件

液压执行元件是将压缩液体的能量转换为机械能，拖动负载实现直线或回转运动。做功介质可以用水，但大多用油。常见的执行元件有液压缸、液压马达等。液压执行元件具有工作平稳、冲击振动小、无级调速范围大、输出扭矩大、过载能力强、结构简单及体积小等优点，应用于机械、冶金等领域。但液压执行元件存在下述缺点：

（1）需要精心维护管理；
（2）噪声大；
（3）远距离操作受到限制；
（4）液压油发生泄漏时会污染环境；
（5）性能随油温的变化而变化。

3. 气动执行元件

气动执行元件是把压缩气体的能量转换成机械能，拖动负载完成对被拉对象的控制。做功介质可以是空气，也可以用惰性气体。气动执行元件结构简单、工作可靠、维护方便、成本低。但由于是用气体作介质，所以可压缩性大、精度较差、传输速度低。气动执行元件在机电一体化技术中一般与电动调节仪表、电动单元组合仪表相配合，用于电站、化工、轻工、纺织等领域。

6.2.2 直流伺服电动机

直流伺服电动机是用直流电信号控制的伺服电动机，其功能是将输入的电压控制信号快速转变为轴上的角位移或角速度输出。

直流伺服电动机的主要结构及原理与普通直流电动机相比较没有特殊的区别，但为了满足工作需要，直流伺服电动机在以下几方面与普通直流电动机有所不同：

（1）电枢长度与直径的比值要大；
（2）磁极的一部分或全部使用叠片工艺；
（3）为进行可逆运行，电刷应准确地位于中性线上，使正、反向特性一致；
（4）为防止转矩不均匀，电枢应制成斜槽形状；
（5）用电枢控制方式时，为了减少磁场磁通变化的影响，应充分使用在饱和状态；
（6）根据控制方式，也有使用分段励磁绕组的形式。

直流伺服电动机的品种很多，按照磁极方式不同可分为电磁式和永磁式；按结构分为一般电枢式、无槽电枢式、印刷电枢式、绕线盘式和空心杯电枢式等；按控制方式分为磁场控制方式和电枢控制方式。常见的直流伺服电动机为电磁式直流伺服电动机,即他励直流电动机,一般采取电枢控制方式。图 6-5 所示为电枢控制直流伺服电动机工作原理。

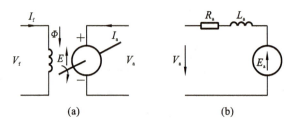

图 6-5 直流伺服电动机工作原理
(a)工作原理;(b)等效电路

如图 6-5(a)所示,励磁绕组接在电压恒定的直流电源上,即励磁电压 V_f 为常数不变,用以产生恒定的磁通。电枢绕组接在控制电压 V_a 上。当有电信号,即 $V_a \neq 0$ 时,便产生电磁转矩,其大小为

$$M = G\Phi I_a \tag{6-1}$$

式中　G——直流电动机的转矩系数;

　　　Φ——主磁极每极磁通量(Wb);

　　　I_a——电枢电流(A);

　　　M——转矩(N·m)。

电枢导体在磁场中切割磁力线要产生感应电动势,总的电枢电动势 E_a 为

$$E_a = C_e \Phi n \tag{6-2}$$

式中　C_e——电动势系数;

　　　n——电枢转速(r/min);

　　　E_a——电动势(V)。

在直流电动机的电枢电路中(见图 6-5(b)),外加电压 V_a 等于电枢电阻的电压降 $I_a R_a$ 与电枢电动势 E_a 之和:

$$V_a = E_a + I_a R_a \tag{6-3}$$

故电枢电流 I_a 为

$$I_a = \frac{V_a - E_a}{R_a} \tag{6-4}$$

当电动机稳定运行时,其电磁转矩 M 应与轴上负载反转矩 M_L 相等,因此,在 Φ 一定时,电枢电流 I_a 的大小由反转矩决定。如果电枢电路的外加电压 V_a 一定,则电动势 E_a 及与它对应的电枢转速 n 也都由 M_L 决定。

由式(6-2)和式(6-3)得

$$n = \frac{E_a}{C_e \Phi} = \frac{V_a - I_a R_a}{C_e \Phi} \tag{6-5}$$

由式(6-1)得

$$I_a = \frac{M}{G\Phi} \tag{6-6}$$

将式(6-6)代入式(6-5)得

$$n = \frac{V_a - \frac{M}{G\Phi}R_a}{C_e\Phi} = \frac{V_a}{C_e\Phi} - \frac{MR_a}{C_e G\Phi^2} \tag{6-7}$$

在 V_a=常数，I_a=常数（即 Φ 等于常数）的条件下，式(6-7)可写成

$$n = n_0 - kM \tag{6-8}$$

式中　n_0——电动机的理想空载转速，$n = \frac{V_a}{C_e\Phi}$；

　　　k——一个很小的常数，$k = \frac{R_a}{C_e G\Phi^2}$。

由此可见，电动机的机械特性是一条随 M 的增大而略有下降的直线，属于硬特性，如图 6-6 所示。在改变 V_a 时，机械特性将是一组特性曲线。

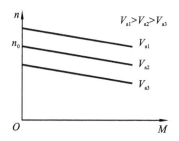

图 6-6　直流伺服电动机机械特性

机械特性说明，随着控制电压增加，机械特性曲线平行地向转速和转矩增加的方向移动，但斜率不变。机械特性是线性的，线性度越高，系统的动态误差就越小。

直流伺服电动机的调节特性可从机械特性得到，它反映了电动机在一定转矩下，转速 n 与控制电压 V_a 的关系，如图 6-7 所示，它也是一组平行直线。

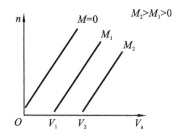

图 6-7　直流伺服电动机调节特性

从调节特性可以看到，M 一定，控制电压 V_a 高时，转速 n 也高，二者成正比关系。当 $n=0$ 时，不同转矩 M 需要的控制电压 V_a 也不同。如 $M=M_1$ 时，$V_a=V_1$，说明当控制电压 $V_a > V_1$ 时，电动机才能转起来，称 V_1 为始动电压。M 不同，始动电压不同，M 大的始动电压也大。当电动机理想空载时，只要有信号电压 V_a，电动机自然转动。

6.2.3 交流伺服电动机

交流伺服电动机是把加在控制绕组上的交流电信号转换为一定的转速和偏角的电动机。与直流伺服电动机相比，交流伺服电动机具有结构坚固、维护简单、便于安装，以及转子惯量可以设计得较小和能够高速运转等优点。

交流伺服电动机主要是鼠笼式感应电动机和永磁式同步电动机，常用的是小型或微型的两相感应电动机。这种电动机的定子上装有两个在空间上彼此相差 90°电角度的绕组，一个称为主绕组，另一个称为控制绕组。主绕组也称励磁绕组，始终以恒定的电压进行励磁。控制绕组上接有与主绕组励磁电压频率相同的控制电压，接线原理如图 6-8 所示。电动机的转子通常为鼠笼式，由短路环和铜棒构成。

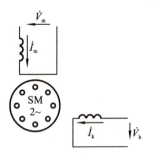

图 6-8　两相感应电动机原理

当在电动机主绕组和控制绕组上加频率相同而相位不同的交流电压时，在主绕组和控制绕组中将产生相位不同的励磁电流和控制电流，从而在电动机气隙中形成一个椭圆形或圆形的旋转磁场。旋转磁场切割转子产生感应电流，感应电流与旋转磁场相作用，使转子转动。

与普通感应电动机相同，两相伺服电动机电磁转矩的大小取决于气隙磁场的每极磁通量和转子电流的大小及相位，也即取决于控制电压的大小和相位。所以，可以通过改变控制电压的大小和相位的方法来控制电动机。常用的控制方式如下。

(1) 幅值控制　保持控制电压的相位角不变，只改变其幅值大小来控制电动机。

(2) 相位控制　保持控制电压的幅值不变，只改变其相位来控制电动机。

(3) 幅相控制　同时改变控制电压的幅值和相位来控制电动机。

永磁式同步电动机的特点是电动机定子铁芯上装有三相电枢绕组，接在可控的电源上,用以产生旋转磁场;转子由永磁材料制成,用于产生恒定磁场,不需要励磁绕组和励磁电流。当定子接通电源后,电动机异步启动,当转子转速接近同步转速时,在转子磁极产生的同步转矩作用下,进入同步运行。永磁式同步电动机的转速采用改变电源频率的办法来进行控制。

6.2.4 步进电动机

步进电动机是一种将电脉冲信号转换成相应的角位移或线位移的控制电动机。通俗地讲,就是外加一个脉冲信号于这种电动机时,它就运动一步。正因为它的运动形式是步进式的,故称为步进电动机。步进电动机的输入是脉冲信号,从主绕组内的电流来看,既不是通常的正弦电流,也不是恒定的直流,而是脉冲的电流,所以步进电动机有时也称为脉冲马达。

步进电动机根据作用原理和结构,可分为永磁式步进电动机、反应式步进电动机和永磁感应式步进电动机。其中应用最多的是反应式步进电动机。图6-9所示为三相反应式步进电动机结构,定子为三对磁极,磁极对数称为"相",相对的极属一相,步进电动机可做成三相、四相、五相或六相等。磁极个数是定子相数 m 的2倍,即 $2m$。每个磁极上套有该相的控制绕组,在磁极的极靴上制有小齿,转子由软磁材料制成齿状。

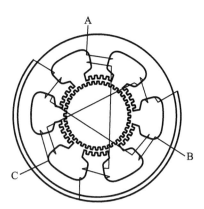

图6-9 三相反应式步进电动机结构

根据工作要求,定子和转子齿距要相同,并满足以下两点。

(1) 在同相的磁极下,定子和转子的齿应同时对齐或同时错开,以保证产生最大转矩。

(2) 在不同相的磁极下,定子和转子的齿的相对位置应依次错开 $1/m$ 齿距。当连续改变通电状态时,可以获得连续不断的步进运动。

齿距 θ_z 的计算公式为

$$\theta_z = 2\pi/Z_R \tag{6-9}$$

式中，Z_R 为转子的齿数。

典型的三相反应式步进电动机的每相磁极在空间互差 120°，相邻的磁极则相差 60°，当转子有 40 个齿时，转子的齿距为

$$\theta_z = 360°/40 = 9°$$

步进电动机的工作过程可用图 6-10 来说明。为分析问题方便，我们考虑定子中的每个磁极都只有 1 个齿，而转子有 4 个齿的情况。用直流电源分别对 A、B、C 三相绕组轮流通电。

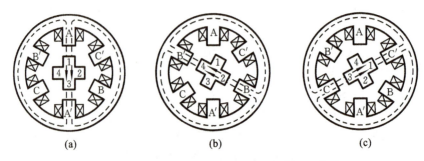

图 6-10 三相反应式步进电动机工作原理示意图

开始时，开关接通 A 相绕组，则定子和转子间的气隙磁场与 A 相绕组轴线重合，转子受磁场作用便产生了转矩。由于定子和转子相对处于最大磁导的位置，在此位置上，转子有自锁能力，所以当转子旋转到 1、3 号齿连线，与 A 相绕组轴线一致时，转子上只受径向力而不受切向力，转矩为零，转子停转。即 A 相磁极和转子 1、3 号齿对齐。同时，转子的 2、4 号齿和 B、C 相磁极成错齿状态（见图 6-10(a)）。

当 A 相绕组断电、B 相绕组通电时，将使 B 相磁极与转子的 2、4 号齿对齐。转子的 1、3 号齿和 A、C 相磁极成错齿状态（见图 6-10(b)）。

当 B 相绕组断电，C 相绕组通电时，使得 C 相磁极与转子 1、3 号齿对齐，而转子的 2、4 号齿与 A、B 相磁极形成错齿状态（见图 6-10(c)）。

当 C 相绕组断电，A 相绕组通电时，使得 A 相磁极与转子 2、4 号齿对齐，而转子的 1、3 号齿与 B、C 相磁极产生错齿。显然，当对 A、B、C 绕组按 A→B→C→A 顺序轮流通电时，磁场沿 A→B→C 方向转动了 360°，而转子沿 A→B→C 方向转动了一个齿距位置。对图 6-10 而言，转子的齿数为 4，故齿距为 90°，则转子转动了 90°。

对每一相绕组通电的操作称为一拍，则 A、B、C 三相绕组轮流通电需要三拍，从上面分析可知，电动机转子转动一个齿距需要三拍操作。实际上，电动机每一拍都转一个角度，也称前进了一步，这个转过的角度称为步距角 θ_b：

$$\theta_b = \frac{2\pi}{NZ_R}$$

或

$$\theta_b = \frac{360°}{NZ_R} \tag{6-10}$$

式中 Z_R——转子齿数；

N——转子转过一个齿距的运行拍数。

对于 $Z_R=40$ 而采用三拍方式工作的步进电动机而言,其步距角 θ_b 为

$$\theta_b = \frac{360°}{40 \times 3} = 3°$$

步进电动机的工作方式是以转动一个齿距所用的拍数来表示的。拍数实际上就是转动一个齿距所需的电源电压换相次数,上述电动机采用的是三相单三拍方式,"单"是指每拍只有一相绕组通电。除了单三拍外,还可以有双三拍,即每拍有两相绕组通电,通电顺序为 AB→BC→CA→AB,步距角与单三拍相同。但是,双三拍时,转子在每一步的平衡点受到两个相反方向的转矩而平衡,振荡弱,稳定性好。此外,还有三相单、双六拍等通电方式。

6.2.5 其他种类执行元件

在伺服系统的执行元件当中,除电气执行元件外,还广泛应用液压式和气动式执行元件。下面简单介绍液压执行元件中的液压缸和液压马达。

液压缸可实现直线往复运动和往复摆动运动,所以液压缸分为移动液压缸和摆动液压缸两大类。在移动液压缸中,常使用一种双作用液压缸,如图 6-11 所示。所谓双作用是指从活塞两侧交替地输入压力油,使液压缸可以在两个方向上输出能量。图 6-11(a)所示为实心双出杆液压缸,其特点是缸体固定,活塞杆与运动件相连接。当压力油进入液压缸两个腔体时,在油压作用下,活塞移动从而牵动与活塞杆相连的负载移动,改变进入液压缸的压力油的流量,就可控制活塞运动速度。图 6-11(b)所示为空心双出杆液压缸,其特点是活塞杆固定,而缸体和运动部件相连接,通过油压式缸体运动,从而牵动负载移动。

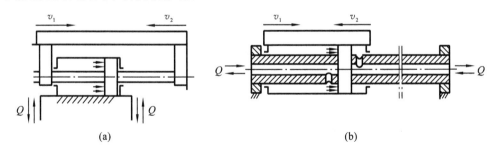

图 6-11 双出杆活塞式液压缸

(a)实心双出杆液压缸;(b)空心双出杆液压缸

液压马达可实现旋转运动,分为齿轮马达、叶片马达、径向柱塞马达、轴向柱塞马达、螺杆马达等。图 6-12 所示为齿轮式液压马达。当压力油进入油腔后,对轮齿产生不平衡的压力,从而产生扭矩使齿轮旋转,拖动负载转动。液压马达的转速仅与输

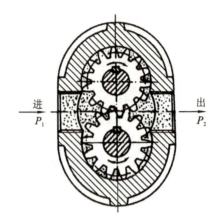

图 6-12 齿轮式液压马达

入的流量多少和马达本身的几何尺寸有关,而与压力和扭矩无关,其压力和扭矩取决于拖动的负载。

液压马达的优点是体积小、动态性能好、输出转矩和功率大,调速范围宽,能正、反向转动,制动性能好等;缺点是效率低、噪声大、低速运行时转速的稳定性差。

6.3 执行元件的控制与驱动

6.3.1 步进电动机的控制与驱动

步进电动机要正常工作,必须配以相应的控制与驱动电路。控制与驱动电路框图如图 6-13 所示。它包括变频信号源、脉冲分配器、功率放大器等部分。

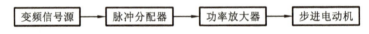

图 6-13 步进电机控制与驱动电路框图

1. 变频信号源

变频信号源是一个从几赫兹到 30 kHz 的连续可变信号发生器,提供不同的脉冲信号推动步进电动机工作。

2. 脉冲分配器

脉冲分配器的作用是把脉冲信号按一定的逻辑关系加到功率放大器上,使步进电动机按一定的方式工作。

脉冲分配器电路有多种方案:用普通集成电路来实现;用专用集成电路来实现;用微型计算机(微机)来实现。由普通集成电路组成的三相六拍脉冲分配器电路如图 6-14 所示。如果不断地输入脉冲,步进电动机绕组则按 C→CA→A→AB→B→BC→C 的顺序通电,且朝一个方向旋转。反之,在反向控制端加高电平、正向控制端加低电平,电动机绕组则按 C→CB→B→BA→A→AC→C 的顺序通电,且反向旋转。

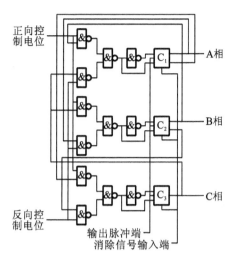

图 6-14 三相六拍脉冲分配器电路

脉冲分配集成电路有 CH250、PMM8713 等。采用集成电路有利于降低系统成本和提高系统的可靠性,而且使用维护方便。

微机控制步进电动机的方案很多:一类是用软件来实现脉冲分配器功能,由并行口发送励磁信号去控制驱动电路,这类方案实现分配器功能灵活,但微机负担加重;另一类是微机和专用集成芯片组成控制系统,可以减轻微机的负担,组成多功能的步进电动机驱动电路。

3. 功率放大器

功率放大电路即功率驱动电路,简称驱动电路。步进电动机的驱动电路形式很多,有单电压型驱动电路,有高低压驱动电路,有单压斩波电路等。

细分驱动是把步进电动机的步距角减小,把原来的一步再细分成若干步,这样,步进电动机的运动就近似地变为匀速运动,并能使它在任何位置停步,如图 6-15 所示。采用这种线路可以大大改善步进电动机的低频特性。

为了实现细分驱动目的,步进电动机绕组用阶梯波电流波供电,如图 6-15 所示,它是三相六拍四细分的波形图。细分电路是由微机控制实现的。

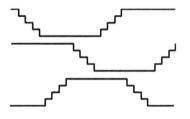

图 6-15 三相六拍四细分的波形图

6.3.2 直流伺服电动机的控制与驱动

一个控制驱动系统性能的好坏,不仅取决于电动机本身的特性,而且还取决于驱动电路的性能以及两者之间的相互配合。驱动电路一般要求频带宽、效率高。目前广泛采用的直流伺服电动机的晶体管驱动电路有线性直流伺服放大器和脉宽调制(PWM)放大器。一般,宽频带低功率系统选用线性放大器(小于几百瓦),而脉宽调制放大器常用在较大的系统中,尤其是那些要求在低速和大转矩下连续运行的场合。

1. 线性直流伺服放大器

线性直流伺服放大器通常由线性放大元件(如运算放大器)和功率输出级组成,它的输出电流比例于控制信号。这类伺服放大器本身的功率消耗较大,适用于功率比较小、电枢具有较高阻抗的情况。

2. 脉宽调制放大器

PWM 放大器的优点是功率管工作在开关状态,结构简单、功耗低、效率高、工作可靠等。它的基本原理是:利用大功率晶体管的开关作用,将直流电源电压转换成一定频率(如 2 000 Hz)的方波电压,加在直流电动机的电枢上,通过对方波脉冲宽度的控制,改变电枢的平均电压 V_a,从而调节电动机的转速,即"脉宽调制"的原理。

直流伺服电动机工作原理如图 6-16 所示。

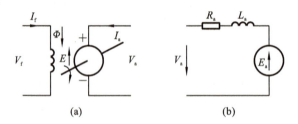

图 6-16 直流伺服电动机工作原理

PWM 晶体管功率放大器由两部分组成:一部分是电压/脉宽变换器;另一部分是开关功率放大器。

1) 电压/脉宽变换器

电压/脉宽变换器的作用是根据控制指令信号对脉冲宽度进行调制,以便用宽度随指令变化的脉冲信号去控制大功率晶体管的导通时间,实现对电枢绕组两端电压的控制。

电压/脉宽变换器由三角波(锯齿波)发生器、加法器和比较器组成,如图 6-17 所示。三角波发生器用于产生一定频率的三角波 V_T,该三角波经加法器与输入的指令信号 V_i 相加,产生信号 V_T+V_i,然后送入比较器。比较器是一个工作在开环状态下的运算放大器,具有极高的开环增益及限幅开关特性。两个输入端的信号差的微弱变化,会使比较器输出对应的开关信号。

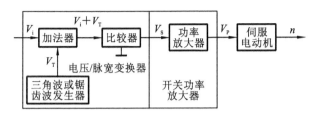

图 6-17 电压/脉宽变换器原理

一般情况下,比较器输入端接地,信号 V_T+V_i 从正端输入,当 $V_T+V_i>0$ 时,比较器输出满幅度的正电平;当 $V_T+V_i<0$ 时,比较器输出满幅度的负电平。

脉宽调制过程如图 6-18 所示。由于比较器的限幅特性,输出信号 V_S 幅值不变,但脉冲宽度随 V_i 的变化而变化,V_S 的频率由三角波频率确定。

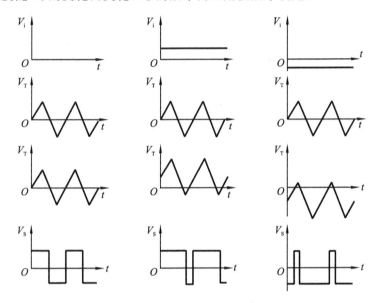

图 6-18 脉宽调制放大器工作原理

当指令信号 $V_i=0$ 时,输出信号 V_S 为正负脉冲宽度相等的矩形脉冲,此时平均电压为 0,电动机不转;当 $V_i>0$,V_S 的正脉宽大于负脉宽,电动机输出轴有一定的正向转速;当 $V_i<0$ 时,V_S 的负脉宽大于正脉宽,电动机输出轴有一定的反向转速;当 V_i 大于 V_{TPP}(三角波的峰-峰值)的一半时,V_S 为一正直流信号,电动机输出轴达到正向最大转速;当 V_i 小于 V_{TPP} 的一半时,V_S 为一负直流信号,电动机输出轴达到反向最大转速。

2) 开关功率放大器

开关功率放大器的作用是对电压/脉宽变换器输出的信号 V_S 进行放大,输出具有足够功率的 V_P 信号,以驱动直流伺服电动机工作。

6.4 伺服系统设计

6.4.1 伺服系统设计方案

当伺服系统的负载不大、精度要求不高时,可采用开环控制。当系统精度要求较高或负载较大时,开环伺服系统往往满足不了要求,这时应采用闭环或半闭环控制的伺服系统。一般来讲,开环伺服系统的稳定性容易满足要求,设计时应主要考虑满足精度方面的要求,并通过合理的结构参数设计,使系统具有良好的动态响应性能。

1. 开环控制伺服系统的方案设计

在机电一体化产品中,典型的开环控制位置伺服系统是数控机床的伺服进给系统及数控 X-Y 工作台等,其结构原理如图 6-19 所示。各种开环伺服系统在结构原理上大同小异,其方案设计实质上就是在图 6-19 的基础上,选择和确定各构成环节的具体实现方案。

图 6-19 开环伺服系统结构原理

(1) 执行元件的选择　选择执行元件时应综合考虑负载能力、调速范围、运行精度、可控性、可靠性,以及体积、成本等多方面要求。开环伺服系统中可采用步进电动机、电液脉冲马达、伺服阀控制的液压缸和液压马达等作为执行元件,其中步进电动机应用最为广泛。一般情况下应优先选用步进电动机,当其负载能力不够时,再考虑选用电液脉冲马达等。

(2) 传动机构方案的选择　传动机构实质上是执行元件与执行机构之间的机械接口,用于对运动和力进行变换和传递。在伺服系统中,执行元件以输出旋转运动和转矩为主,而执行机构则多为直线运动。用于将旋转运动转换成直线运动的传动机构主要有齿轮齿条和丝杠螺母等。前者可获得较大的传动比和较高的传动效率,所能传递的力也较大,但高精度的齿轮齿条制造困难,且为消除传动间隙而结构复杂;后者因结构简单、制造容易而应用广泛。尤其是滚动丝杠螺母副,目前已成为伺服系统中的首选传动机构。

在步进电动机与丝杠之间运动的传递可有多种方式。将步进电动机与丝杠通过联轴器直接连接,其优点是结构简单,可获得较高的速度,但对步进电动机的负载能力要求较高。此外,步进电动机还可通过减速器传动丝杠。减速器的作用主要有三个,即配凑脉冲当量、转矩放大和惯量匹配。当电动机与丝杠中心距较大时,可采用同步齿形带传动,否则,可采用齿轮传动,但应采取措施消除其传动间隙。

(3) 执行机构方案的选择　执行机构是伺服系统中的被控对象,是实现实际操作的机构,应根据具体操作对象及其特点来选择和设计。一般来讲,执行机构中都包含有导向机构,执行机构方案的选择主要是导向机构的选择。

导向机构即导轨,主要有滑动和滚动两大类,每一类按结构形式和承载原理又可分成多种类型。在伺服系统中应用较多的是塑料贴面滑动导轨和滚动导轨,设计时可根据具体情况合理选用。

值得一提的是,市场上新出现的一种称为线性组件的产品,它将滚动丝杠螺母或齿型带传动与滚动导轨集成为一体,统一润滑与防护,系列化设计,专业化生产,其体积小,精度高,成本低,易于安装,有的还配套提供执行元件和相应的控制装置,为伺服系统的设计和制造提供了极大的方便。

(4) 控制系统方案的选择　控制系统方案的选择包括微型机、步进电动机控制方式、驱动电路等的选择。

常用的微型机有单板机、单片机、工业控制微型机等,其中,单片机由于在体积、成本、可靠性和控制指令功能等许多方面的优越性,在伺服系统的控制中得到了非常广泛的应用。步进电动机的控制方式和驱动电源等可按本章第三节的介绍来选择。

2. 闭环控制的系统方案设计

从控制原理上讲,闭环控制与半闭环控制是一样的,都要对系统输出进行实时检测和反馈,并根据偏差对系统实施控制。两者的区别仅在于传感器检测信号位置的不同,因而导致设计、制造的难易程度不同以及工作性能不同,但两者的设计与分析方法基本上一致。闭环和半闭环控制伺服系统的结构原理分别如图 6-20 和图 6-21 所示。

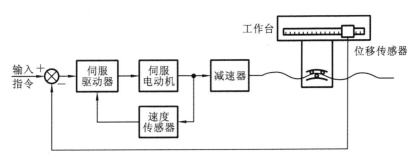

图 6-20　闭环伺服系统结构原理

设计闭环伺服系统必须首先保证系统的稳定性,然后在此基础上采取各种措施满足精度及快速响应性等方面的要求。

(1) 闭环或半闭环控制方案的确定　当系统精度要求很高时,应采用闭环控制方案。它将全部机械传动及执行机构都封闭在反馈控制环内,其误差可以通过控制系统得到补偿,因而可达到很高的精度。但是闭环伺服系统结构复杂,设计难度大,成本高,尤其是机械系统的动态性能难以提高,系统稳定性难以保证。因而除非精度

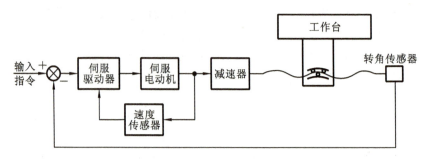

图 6-21 半闭环伺服系统结构原理

要求很高时,一般应采用半闭环控制方案。目前,大多数数控机床和工业机器人中的伺服系统都采用半闭环控制。

(2) 执行元件的选择　在闭环或半闭环控制的伺服系统中,主要采用直流伺服电动机、交流伺服电动机或伺服阀控制的液压伺服马达作为执行元件。液压伺服马达主要用在负载较大的大型伺服系统中,在中、小型伺服系统中,则多数采用直流或交流伺服电动机。由于直流伺服电动机具有优良的静、动态特性,并且易于控制,因而在 20 世纪 90 年代以前,一直是闭环(以下如不特意说明,则所称闭环也包括半闭环)系统中执行元件的主流。近年来,随着交流伺服技术的发展,交流伺服电动机可以获得与直流伺服电动机相近的优良性能,而且交流伺服电动机无电刷磨损问题,维修方便,价格也逐年降低,正在得到越来越广泛的应用。在闭环伺服系统设计时,应根据设计者对技术的掌握程度及市场供应、价格等情况,适当选取合适的执行元件。

(3) 检测反馈元件的选择　常用的位置检测传感器有旋转变压器、感应同步器、码盘、光电脉冲编码器、光栅尺、磁尺等。如被测量为直线位移,则应选尺状的直线位移传感器,如光栅尺、磁尺、直线感应同步器等。如被测量为角位移,则应选圆形的角位移传感器,如光电脉冲编码器、圆感应同步器、旋转变压器、码盘等。一般来讲,半闭环控制的伺服系统主要采用角位移传感器,闭环控制的伺服系统主要采用直线位移传感器。

机电一体化产品中的伺服系统多数采用计算机数字控制,因而相应的位置传感器也多数采用数字式传感器,如光栅尺、光电脉冲编码器、码盘等。

传感器的精度与价格密切相关,应在满足要求的前提下,尽量选用精度低的传感器,以降低成本。

选择传感器时还应考虑结构空间(如外形尺寸、连接及安装方式等)及环境(如温度、湿度、灰尘等)条件等的影响。

在位置伺服系统中,为了获得良好的性能,往往还要对执行元件的速度进行反馈控制,因而还要选用速度传感器。交、直流伺服电动机常用的速度传感器为测速发电机。目前,在半闭环伺服系统中,也常采用光电脉冲编码器,既测量电动机的角位移,又通过计时而获得速度。

(4) 机械系统与控制系统方案的确定 在闭环控制的伺服系统中,机械传动与执行机构在结构形式上与开环控制的伺服系统基本一样,即由执行元件通过减速器和滚动丝杠螺母机构,驱动工作台运动。

控制系统方案的确定,主要包括执行元件控制方式的确定和系统伺服控制方式的确定。对于直流伺服电动机,应确定是采用晶体管脉冲调制(PWM)控制,还是采用晶闸管(可控硅)放大器驱动控制。对于交流伺服电动机,应确定是采用矢量控制,还是采用幅值、相位或幅相控制。

伺服系统的控制方式有模拟控制和数字控制,每种控制方式又有多种不同的控制算法。机电一体化产品中多采用计算机数字控制方式。此外,还应确定是采用软件伺服控制,还是采用硬件伺服控制,以便据此选择相应的计算机。

6.4.2 机械系统设计计算

系统方案确定之后,应进行机械系统的设计计算,其内容包括执行元件参数及规格的确定、系统结构的具体设计、系统惯量、刚度等参数的计算等。下面结合图 6-22 所示的典型开环伺服系统机械传动原理,介绍有关的设计计算方法。

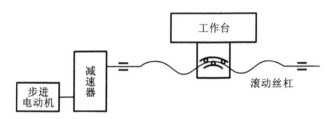

图 6-22 典型开环伺服系统机械传动原理

1. 确定脉冲当量,初选步进电动机

脉冲当量应根据系统精度要求来确定。对于开环伺服系统,一般取为 0.005~0.01 mm。如取得太大,无法满足系统精度要求;如取得太小,机械系统难以实现,或者对机械系统精度和动态性能提出过高要求,使经济性降低。

初选步进电动机主要是根据具体情况选择其类型和步距角。一般来讲,反应式步进电动机步距角小,运行频率高,价格较低,但功耗较大;永磁式步进电动机功耗较小,断电后仍有制动力矩,但步距角较大,启动和运行频率较低;混合式步进电动机兼有上述两种电动机的优点,但价格较高。各种步进电动机的产品样本中都给出通电方式及步距角等主要技术参数以供选用。

2. 计算减速器的传动比

减速器一般采用减速传动,其传动比可按下式计算,即

$$i = \frac{\alpha P}{360\delta_P} \tag{6-11}$$

式中　α——步进电动机步距角(°)；

　　　P——丝杠导程(mm)；

　　　δ_P——工作台运动的脉冲当量(mm)。

如算出的传动比 i 值较小，可采用同步齿形带或一级齿轮传动，否则，应采用多级齿轮传动。选择齿轮传动级数时，一方面应使齿轮总转动惯量 J_G 与电动机轮上主动齿轮的转动惯量 J_P 的比值较小；另一方面，还要避免因级数过多而使结构复杂，一般可按图 6-23 来选择。

齿轮传动级数确定之后，可根据总传动比和传动级数，按图 6-24 来合理分配各级传动比，且应使各级传动比按传动顺序逐级增加。

例如，当 $i=4$ 时，按图 6-23 可取传动级数为 2 或 3，对应的 J_G/J_P 值分别为 6 和 5.4。显然，取 2 级传动比较合理，因为若取 3 级传动，J_G/J_P 的减小并不显著，却使减速器结构复杂，传动效率和扭转刚度降低，传动间隙增加，得不偿失。按传动级数 2 和总传动比 $i=4$，查图 6-24 得两级传动比分别为 $i_1=1.8, i_2=2.2$。

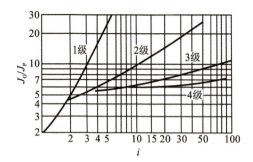

图 6-23　传动级数选择曲线

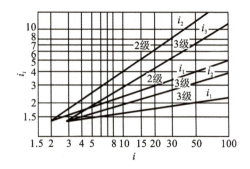

图 6-24　传动比分配曲线

3. 计算系统转动惯量

计算转动惯量的目的是选择步进电动机动力参数及进行系统动态特性分析与设计。

有些传动件(如齿轮、丝杠等)的转动惯量不易精确计算，可将其等效成圆柱体来近似计算。圆柱体转动惯量 $J(\mathrm{kg \cdot m^2})$ 的计算公式为

$$J = \frac{\pi \rho d^4 l}{32} \tag{6-12}$$

式中　ρ——材料密度($\mathrm{kg/m^3}$)；

　　　d——传动件的等效直径(m)；

　　　l——传动件轴向长度(m)。

计算出的各传动件转动惯量应按下式折算到电动机轴上，以获得总当量负载转

动惯量 J_d(kg·m²),即

$$J_d = J_{z1} + (J_{z2} + J_S)\frac{1}{i^2} + \left(\frac{P}{2\pi i}\right)^2 m \tag{6-13}$$

式中　J_{z1}、J_{z2}——电动机轴上和丝杠轴上齿轮或齿形带轮的转动惯量(kg·m²);

　　　J_S——丝杠转动惯量(kg·m²);

　　　m——工作台质量(kg)。

4. 确定步进电动机动力参数

(1) 电动机负载转矩计算　作用在步进电动机轴上的总负载转矩 T 可按下式计算:

$$T = (J_m + J_d)\varepsilon + \frac{P(F_\mu + F_W)}{2\pi \eta i} + \frac{PF_0(1-\eta_0^2)}{2\pi \eta i} \tag{6-14}$$

式中　J_m——电动机轴自身转动惯量(kg·m²);

　　　ε——电动机启动或制动时的角加速度(rad/s²);

　　　F_μ——作用在工作台上的摩擦力(N);

　　　F_W——作用在工作台上的其他外力(N);

　　　η——伺服传动链的总效率;

　　　F_0——滚动丝杠螺母副的预紧力(N);

　　　η_0——滚动丝杠螺母副未预紧时的传动效率,一般取 $\eta_0 = 0.9$。

(2) 确定电动机最大静转矩　根据电动机实际启动情况(空载或有载),按式(6-14)计算出启动时的负载转矩 T_q,然后按表 6-1 选取启动时所需步进电动机的最大静转矩 T_{S1}。

表 6-1　T_q 与 T_{S1} 之间的比例关系

电动机相数	3		4		5		6	
运行拍数	3	6	4	8	5	10	6	12
T_q/T_{S1}	0.5	0.866	0.707	0.707	0.809	0.951	0.866	0.866

根据步进电动机正常运行时的受力情况,按式(6-14)计算出负载转矩 T_1,然后按下式计算正常运行时所需步进电动机的最大静转矩 T_{S2}:

$$T_{S2} = \frac{T_1}{0.3 \sim 0.5} \tag{6-15}$$

按 T_{S1} 和 T_{S2} 中的较大者选取步进电动机的最大静转矩 T_S,并要求:

$$T_S \geqslant \max\{T_{S1}, T_{S2}\} \tag{6-16}$$

(3) 电动机最大启动频率确定　步进电动机在不同的启动负载转矩下所允许的启动频率不同,因而应根据所计算出的启动转矩 T_q,按电动机的启动矩频特性曲线来确定最大启动频率,并要求实际使用的启动频率低于这一允许的最大启动频率。

(4) 电动机最大运行频率确定　步进电动机在运行时的输出转矩随运行频率增

加而下降,因而应根据所计算出的负载转矩 T_1,按电动机运行矩频特性曲线来确定最大运行频率,并要求实际使用的运行频率低于这一允许的最大运行频率。

5. 验算惯量匹配

电动机轴上的总当量负载转动惯量 J_d 与电动机轴自身转动惯量 J_m 的比值应控制在一定范围内,既不应太大,也不应太小。如果太大,则伺服系统的动态特性主要取决于负载特性,由于工作条件(如工作台位置)的变化而引起的负载质量、刚度、阻尼等的变化,将导致系统动态特性也随之产生较大变化,使伺服系统综合性能变差,或给控制系统设计造成困难。如果该比值太小,说明电动机选择或传动系统设计不太合理,经济性较差。为使系统惯量达到较合理的匹配,一般应将该比值控制在下式所规定的范围内:

$$\frac{1}{4} \leqslant \frac{J_d}{J_m} \leqslant 1 \tag{6-17}$$

如果验算发现 J_d/J_m 不满足式(6-17)要求,应返回修改原设计。通过减速器传动比 i 和丝杠导程 P 的适当搭配,往往可使惯量匹配趋于合理。

6.4.3 系统误差分析

1. 开环控制的伺服系统误差分析

在开环控制的伺服系统中,由于没有检测及反馈装置,为了保证工作精度要求,必须使机械系统在任何时刻、任何情况下都能严格跟随步进电动机的运动。然而实际上,机械系统的输入与输出之间总会有误差,除了零部件的制造及安装所引起的误差外,还有由于机械系统的动力参数(如刚度、惯量、摩擦、间隙等)所引起的误差。在系统设计时,必须将这些误差控制在允许范围内。

1) 死区误差

所谓死区误差是指机械系统启动或反向时,系统的输入运动与输出运动之间的差值。产生死区误差的主要原因包括传动机构中的间隙、导轨运动副间的摩擦力以及电气系统和执行元件的启动死区。

由传动间隙所引起的工作台等效死区误差 δ_c(mm)可按下式计算:

$$\delta_c = \frac{P}{2\pi} \sum_{i=1}^{n} \frac{\delta_i}{i_i} \tag{6-18}$$

式中　P——丝杠导程(mm);

　　　δ_i——第 i 个传动副的间隙量(rad);

　　　i_i——第 i 个传动副至丝杠的传动比。

由摩擦力引起的死区误差实质上是传动机构为克服静摩擦力而产生的弹性变形,包括拉压弹性变形和扭转弹性变形。扭转弹性变形相对拉压弹性变形来说数值较小,常被忽略。于是弹性变形所引起的摩擦死区误差 δ_μ(mm)为

$$\delta_\mu = \frac{F_\mu}{K_0} \times 10^3 \tag{6-19}$$

式中 F_μ——导轨静摩擦力(N);

K_0——丝杠螺母机构的综合拉压刚度(N/m)。

由电气系统和执行元件的启动死区所引起的死区误差与上述两项相比很小,常被忽略。如果再采取消除间隙措施,则系统死区误差主要取决于摩擦死区误差。假设静摩擦力主要由工作台重力引起,则工作台反向时的最大反向死区误差 Δ(mm)可按下式计算:

$$\Delta = 2\delta_\mu = \frac{2F_\mu}{K_0} \times 10^3 = \frac{2mg\mu_0}{K_0} \times 10^3 = \frac{2g\mu_0}{\omega_n^2} \times 10^3 \tag{6-20}$$

式中 m——工作台质量(kg);

g——重力加速度,$g=9.8 \text{ m/s}^2$

μ_0——导轨静摩擦因数;

ω_n——丝杠-工作台系统的纵振固有频率(rad/s)。

为减小系统死区误差,除应消除传动间隙外,还应采取措施减小摩擦,提高传动系统的刚度和固有频率。对于开环伺服系统,为保证单脉冲进给要求,应将死区误差控制在一个脉冲当量以内。

2) 由系统刚度变化引起的定位误差

影响系统定位误差的因素很多,这里仅讨论由丝杠螺母机构综合拉压刚度的变化所引起的定位误差。

空载条件下,由系统刚度变化所引起的整个行程范围内的最大定位误差 δ_{Kmax}(mm)可用下式计算:

$$\delta_{Kmax} = F_\mu \left(\frac{1}{K_{0min}} - \frac{1}{K_{0max}} \right) \times 10^3 \tag{6-21}$$

式中 F_μ——由工作台重力引起的静摩擦力(N);

K_{0min}、K_{0max}——在工作台行程范围内丝杠的最小和最大综合拉压刚度(N/m)。

对于开环控制的伺服系统,δ_{Kmax} 一般应控制在系统允许定位误差的 1/3~1/5 范围内。

2. 闭环控制的伺服系统误差分析

在设计闭环伺服系统时,除要保证系统具有良好的动态性能外,还应保证系统具有足够的稳态精度。系统在稳定状态下,其输出位移与输入指令信号之间的稳态误差 δ 可由下式表达:

$$\delta = \delta_1 + \delta_2 \tag{6-22}$$

式中 δ_1——与系统的构成环节及输入信号形式有关的误差,称为跟踪误差;

δ_2——由负载扰动所引起的稳态误差。

(1) 跟踪误差　位置控制的伺服系统都包含有一个积分环节,用于将速度转换成位移输出。这样,系统在跟踪阶跃输入时的跟踪误差 $\delta_1 = 0$ mm。在跟踪等速斜坡输入时,其跟踪误差为

$$\delta_1 = \frac{v}{K} \tag{6-23}$$

式中　v——输入的速度指令(mm/s);

　　　K——系统的开环增益(S^{-1})。

可见,系统的跟踪误差与开环增益 K 成反比,K 值越大,跟踪误差 δ_1 越小。为减小跟踪误差 δ_1,可适当增大开环增益 K。

实际上,系统的跟踪误差与系统制动过程中所走过的位移相等,因而跟踪误差只影响运动轨迹精度,而不影响定位精度。在设计两轴或两轴以上联动的伺服系统时,应将各轴的开环增益大小设计和调整得一致,以减小因各轴跟踪误差不同而引起的轨迹形状误差。

(2) 负载扰动所引起的误差　由负载扰动所引起的稳态误差 δ_2(mm)可用下式计算:

$$\delta_2 = K_3 \frac{T_1}{K_R} \tag{6-24}$$

式中　K_3——机械系统的转换系数(mm/rad),$K_3 = P/(2\pi i)$,P 为丝杠导程(mm),i 为减速器传动比;

　　　T_1——折算到电动机轴上的干扰转矩(N·m);

　　　K_R——系统伺服刚度或称力增益(N·m/rad),它定义为干扰转矩 T_1 与由 T_1 引起的电动机输出角位移的误差之比。

由式(6-24)可见,负载扰动所引起的稳态误差与系统伺服刚度成反比,伺服刚度越大,误差越小。伺服刚度与系统开环增益成正比,开环增益越大,伺服刚度越大。因而,适当增大系统的开环增益,也有利于减小由负载扰动所引起的稳态误差。

思　考　题

6-1　什么是伺服电动机的空载始动电压?

6-2　与直流伺服电动机相比,交流伺服电动机的优点有哪些?

6-3　数控伺服系统是以什么为直接目标的自动控制系统?

6-4　细分驱动具体含义是什么?试用图示说明。

6-5　脉宽调制放大器 PWM 的原理是什么?

6-6　分析开环控制的伺服系统误差因素有哪些。

第7章　机电一体化系统设计应用实例

【本章导读】　机电一体化发展至今已经成为一门有着自身体系的新型学科,其基本特征可概括为:机电一体化是从系统的观点出发,综合运用机械技术、微电子技术、自动控制技术、计算机技术、信息技术、传感测控技术、电力电子技术、接口技术、信息变换技术以及软件编程技术等群体技术的学科。本章所举几个不同类型的实例,旨在为学习过机械基础知识和电工电子技术基础的本科生及工程技术人员提供一些常见的机电一体化应用实例与设计分析。

7.1　机电一体化系统设计要点

7.1.1　基本开发思路

机电一体化系统设计是根据系统论的观点,运用现代设计的方法构造产品结构、赋予产品性能并进行产品设计的过程。图7-1所示为机电一体化产品设计的典型流程。机电一体化产品设计过程可划分为以下四个阶段。

1. 准备阶段

在这个阶段中首先对设计对象进行机理分析,确定产品的规格、性能参数,然后进行技术分析,拟定系统总体方案,划分组成系统的各功能要素和功能模块,最后对各种方案进行可行性对比研究,确定最佳总体方案。

2. 设计阶段

在这个阶段中首先根据设计目标、功能要素和功能模块,画出机器工作时序图和机器传动原理图,计算各功能模块之间接口的输入/输出参数,确定接口设计的任务归属。然后以功能模块为单元,根据接口参数的要求对信号检测与转换、机械传动及工作机构、控制微机、功率驱动及执行元件等进行功能模块的选型、组配、设计。最后,对所进行的设计进行整体技术经济评价、设计目标考核和系统优化,挑选出综合性能指标最优的设计。

3. 产品的设计实施阶段

在这一阶段中首先根据机械、电气图样,制造和装配各功能模块;然后进行模块的调试;最后进行系统整体的安装调试,复核系统的可靠性及抗干扰性。

4. 设计定型阶段

该阶段的主要任务是对调试成功的系统进行工艺定型,整理出设计图样、软件清单、零部件清单、元器件清单及调试记录等;编写设计说明书,为产品投产时的工艺设计、材料采购和销售提供详细的技术档案资料。

纵观系统的设计流程,设计过程的各阶段均围绕着产品设计的目标所进行。

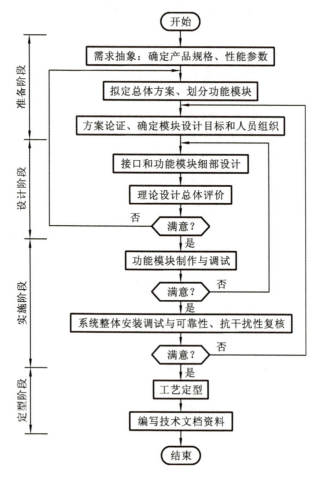

图 7-1　机电一体化产品设计的典型流程

"基本原理→总体布局→细部结构"三次循环设计中,每一阶段均构成一个循环体;即以产品的规划和讨论为中心的可行性设计循环;以产品的最佳方案为中心的概念性设计循环;以产品性能和结构优化为中心的技术性设计循环。循环设计使产品设计在可行性规划和论证的基础上求得概念上的最佳方案,再在最佳方案的基础上求得技术上的优化,使系统设计的效率和质量大大提高。

7.1.2　用户要求

用户的需求虽然是设计所要达到的最终目标,但它并不全是设计的技术参数,因为用户对产品提出的要求往往面向产品的使用目的。因此,需要对用户的要求进行抽象,要在分析对象工作原理的基础上,澄清用户需求的目的、原因和具体内容。经过理论分析和逻辑推理,提炼出问题的本质和解决问题的途径,并用工程语言描述设计要求,最终形成产品的规格和性能参数。对于加工机械而言,它包括如下几个方面。

(1) 运动参数:表征机器工作部件的形成和运动轨迹、速度和加速度。
(2) 动力参数:表征机器为完成加工动作应输出的力(或力矩)和功率。
(3) 品质参数:表征机器工作的运动精度、动力精度、稳定性、灵敏度和可靠性。
(4) 环境参数:表征机器工作的环境,如温度、湿度、输入电源。
(5) 结构参数:表征机器空间的几何尺寸、结构、外观造型。
(6) 界面参数:表征机器的人-机对话方式和功能。

7.1.3 功能要素和功能模块

机电一体化系统的功能要素是通过具体的技术物理效应来实现的,一个功能要素可能是一个功能模块,也可能由若干个功能模块组合而成,或者就是一个机电一体化子系统。功能模块则是实现某一特定功能的具有标准化、通用化或系列化的技术物理效应。功能模块在形式上,对于硬件表示为具体的设备、装置或电路板,对于软件则表示为具体的应用子程序或软件包。

进行机电一体化系统的设计时,将功能模块视为构成系统的基本单元,根据系统构成的原理和方法,研究它们的输入/输出关系,并以一定的逻辑关系连接起来,实现系统的总功能。因此,可以说机电一体化系统的设计过程是一个从模块到系统的设计过程。

7.1.4 接口设计要点

接口设计的总任务是解决功能模块间的信号匹配问题,根据划分出的功能模块,在分析研究功能模块输入/输出关系的基础上,计算制定出各功能模块相互连接时所必须共同遵守的电气和机械的规格和参数约定,使其在具体实现时能够"直接"相连。

应当说明的是,系统设计过程中的接口设计是对接口输入/输出参数或机械结构参数的设计,而功能模块设计中的接口设计则是遵照系统设计制定的接口参数进行细部设计,实现接口的技术物理效应,两者在设计内容和设计分工上是不同的。不同类型的接口,其设计要求有所不同。这里仅从系统设计的角度讨论接口设计的要求。

(1) 传感接口　传感接口要求传感器与被测机械量信号源具有直接关系,要使标度转换及数学建模精确、可行,传感器与机械本体的连接简单、稳固,能克服机械谐波干扰,正确反映对象的被测参数。

(2) 变送接口　变送接口应满足传感器模块的输出信号与微机前向通道电气参数的匹配及远距离信号传输的要求,接口的信号传输要准确、可靠,抗干扰能力强,具有较低的噪声容限;接口的输入阻抗应与传感器的输出阻抗相匹配;接口的输出电平应与微机的电平相一致;接口的输入信号与输出信号应是线性关系,以便于微机进行信号处理。

(3) 驱动接口　驱动接口应满足接口的输入端与微机系统的后向通道在电平上一致,接口的输出端与功率驱动模块的输入端之间不仅电平要匹配,还应在阻抗上匹配。另外,接口必须采取有效的抗干扰措施,防止功率驱动设备的强电回路反窜入微机系统。

(4) 传动接口　传动接口是一个机械接口,要求它的连接结构紧凑、轻巧,具有较高的传动精度和定位精度,安装、维修、调整简单方便,传动效率高,刚度高,响应快。

7.1.5　系统整体方案拟定和评价

拟定系统整体方案一般分为三个步骤:首先,根据系统的主功能要求和构成系统的功能要素进行主功能分解,划分出各功能模块,确定它们之间的逻辑关系;然后,对各功能模块输入/输出关系进行分析,确定功能模块的技术参数和控制策略,以及系统的外观造型和机械总体结构;最后,以技术文件的形式交付设计组讨论、审定。系统总体方案文件的内容应包括:

(1) 系统的主要功能、技术指标、原理图及文字说明;
(2) 控制策略及方案;
(3) 各功能模块的性能要求,模块实现的初步方案及输入/输出的逻辑关系;
(4) 方案比较和选择的初步印象;
(5) 为保证系统性能指标所采取的技术措施;
(6) 抗干扰及可靠性设计策略;
(7) 外观造型方案及机械主体方案;
(8) 人员组织要求;
(9) 经费和进度计划的安排。

系统功能分解应综合运用机械技术和电子技术各自的优势,力求系统构成简单化、模块化。常用的设计策略如下。

(1) 减少机械传动部件,使机械结构简化,体积减小,提高系统动态响应性能和运动精度。

(2) 注意选用标准、通用的功能模块,避免功能模块在低水平上的重复设计,提高系统在模块级上的可靠性,加快设计开发的速度。

(3) 充分运用硬件功能软件化原则,使硬件的组成最简单,使系统智能化。

(4) 以微机系统为核心进行设计。

一项设计通常有几种不同的设计方案,每一种方案都有其优点和缺点,因此,在设计阶段应对不同的方案进行整体评价,选择综合指标最优的设计方案。

7.1.6 制作与调试

制作与调试是系统设计方案实施的一项重要内容。根据循环设计及系统设计的原理,制作与调试分为两个步骤:第一步是功能模块的制作与调试;第二步是系统整体安装与调试。

功能模块的制作与调试是由专业技术人员根据分工,完成各功能模块的硬件组配、软件编程、电路装配、机械加工等细部物理效应的实现工作,对各功能模块的输入/输出参数仿真(模拟)、调试和在线调试,使它们满足系统设计所规定的电气、机械规范。

系统总体调试是在功能模块调试的基础上进行的,整体调试以系统设计规定的总目标为依据,调试功能模块的工作参数及接口参数。此外,由于物质流、能量流、信息流均融汇在系统中,系统中的各薄弱环节以及影响系统主功能正常发挥的"瓶颈"会充分暴露出来,系统还会受到内、外部各种干扰的影响,因此,系统整体的调试还要进一步解决系统可靠性、抗干扰等问题。

7.2 电动机变频控制应用技术

随着科学技术的发展,变频器的使用也越来越广泛,不论是工业设备上还是家用电器上都会使用到变频器。可以说,只要有三相异步电动机的地方,就有变频器的存在。要熟练地使用变频器,还必须掌握三相异步电动机的特性,因为变频器与三相异步电动机有着密切的联系。

在过去,变频器一般包含在电动机、旋转转换器等电气设备中。随着半导体电子设备的出现,人们已经可以生产完全独立的变频器,如市面上技术水平发展得比较好的三晶变频器。

7.2.1 常用分类

变频器是对电动机驱动电源进行变换的装置。变频器的生产厂商很多,本实例使用的变频器是 MITSUBISHI 生产的 FR-Z020 型和 FR-U100 型,以及 FUJI 生产的 FVR.C9S 型。

7.2.2 工作原理

1. 主回路框图

变频器的构成如图 7-2 所示,各部分的功能如下。
(1) 控制电路完成对主电路的控制。
(2) 整流电路把交流电变成直流电。

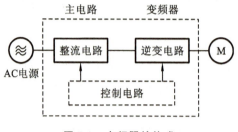

图 7-2 变频器的构成

(3) 逆变电路将直流电再变成交流电。

对于通用变频器单元,变频器一般是指包括整流电路和逆变电路部分的装置。

2. 整流电路工作原理(波形)

整流电路是把交流电变换为直流电,其电器如图 7-3 所示。

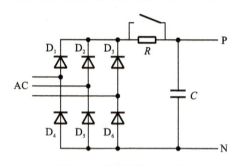

图 7-3 变频器整流电路

图 7-3 左端电路为整流电路,其波形如图 7-4 所示。

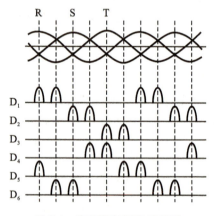

图 7-4 变频器整流电路波形

(1) 输入电压大于整流器输出电压时,才有电流流过二极管。

(2) 峰值电压 $=1.414V=220\times1.414$ V $=311$ V。

3. 逆变电路工作原理

逆变电路是将直流电变换成交流电的装置,它的基本原理与单相交流电的产生原理相同。逆变等效电路如图 7-5 所示,顺次通断开关 S_1 到 S_6,在 U-V、V-W 及 W-U 端,产生等效于逆变器的脉冲波形,该矩形波 AC 电压给电动机供电。通过改变开关通断周期,可以得到要求的电动机供电频率,而通过改变 DC 电压,可以改变电动机的供电电压。通过改变开关的接通顺序,可以改变电动机的旋转方向。三相 AC 电压的产生如图 7-6 所示。

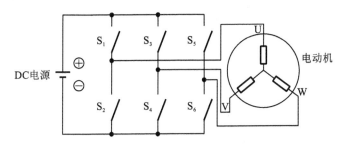

图 7-5 逆变等效电路

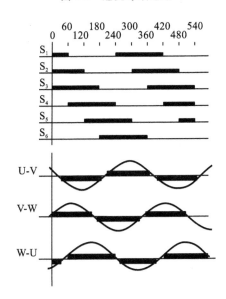

图 7-6 三相 AC 电压的产生

4. 变频器控制方式

常用变频器使用的控制方式有 V/F 控制、简单磁通矢量控制、磁通矢量控制和矢量控制。

1) V/F 控制

为了实现变频调速,通用变频器在变频控制时使电压与频率的比率(V/F)不变,为常数,该系统称为 V/F 控制。其特点是低速时扭矩不足,但控制简单。

2) 简单磁通矢量控制

通过矢量计算,把变频器的输出电流划分成励磁电流和扭矩成分电流,然后调节电压使产生的电动机电流与负载扭矩匹配,从而改善低速扭矩特性。其特点是不需设定和调节电动机常数,就可实现满意的效果,但电动机适用范围小。

3) 磁通矢量控制

磁通矢量控制通过矢量计算,把变频器的输出电流划分成励磁电流和扭矩成分电流,并调节电压和频率,使生成的电动机电流与负载扭矩匹配,从而改善变频器低速扭矩和调速精度。其特点是磁通矢量控制在简单磁通矢量控制基础上增加了降音调功能,以确保低速时产生大的扭矩。

4) 矢量控制(闭环)

矢量控制(闭环)是指对变化的负载进行矢量计算,把变频器的输出电流划分成励磁电流和扭矩成分电流,故可根据需要对电流完成频率和电压的控制。其特点是要求采用专用电动机,且使用精确的编码器。

此外,急剧上升和下降的输出电压波包含许多高频分量,这些高频分量就是产生噪声的根源。在 0.5~10 MHz 频率段,噪声会对调幅电波及其他无线电波产生影响,所以要适当地考虑噪声衰减技术。

7.2.3 调节方法

下面介绍 MITSUBISHI 公司的 FR-U100 型 INVENTER 的使用及调节方法。

本例中,FR-U100 型变频器用在 DIP 设备 DUST 电动机上,用以将频率为 50 Hz 的交流电转换为频率为 60 Hz 的交流电。

1. 接线图

FR-U100 型 INVENTER 接线图如图 7-7 所示。

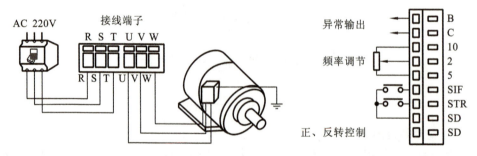

图 7-7　FR-U100 型 INVENTER 接线图

2. 操作面板

FR-U100 型 INVENTER 操作面板如图 7-8 所示。

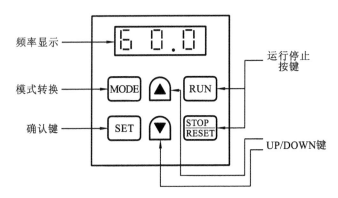

图 7-8　FR-U100 型 INVENTER 操作面板

7.3　视觉传感式变量施药机器人

近年来,在精准施药领域,发达国家(如美国、英国等)都投入大量资金进行现代农业技术的开发。先后开发出了精确变量播种机、精确变量施肥机及精确变量喷药机等。它们都是与机器人极为相似的自动化系统,是高新技术在农业中的应用。

视觉传感变量喷药系统,是以较少药剂而有效控制杂草、提高产量、减少成本的一种自动化药物喷撒机械。近年来,随着杂草识别的视觉感知技术与变量喷药控制等技术的成熟,这种视觉传感式变量喷药机械也趋于成熟。下面就以这种系统为例,对它的组成及工作原理作一简要介绍。

7.3.1　系统的组成

一般来说,视觉传感式变量施药机器人由图像信息获取系统、图像信息处理系统、决策支持系统、变量喷撒系统等组成,如图 7-9 所示。各子系统的主要功能如下所述。

1. 图像信息获取系统

图像信息获取系统主要由彩色数码相机(如 PULNIX、TMC-7ZX 等)和高速图像数据采集卡(如 CX100、IMAGENATION、INC 等)组成。采集卡一般置于机载计算机中。

2. 图像信息处理系统

图像信息处理系统是一种基于影像信息的提取算法,由计算机高级语言(如 C++等)开发出的一种软件系统。它能够快速准确地提取出影像数据中包含人们所需的信息(如杂草密度、草叶数量、无作物间距区域面积等)。

3. 决策支持系统

决策支持系统也是由高级语言开发出的一种软件系统。它能够基于信息处理系

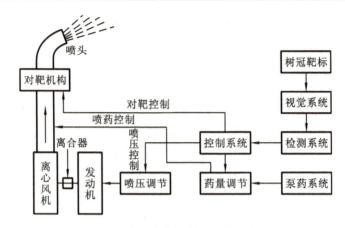

图 7-9 变量施药机器人系统组成图

统,把得到的有用信息与人们的决策要求作综合判断,最后作出所需的决策。

4. 变量喷撒系统

变量喷撒系统是基于视觉信息的控制器,由若干可调节喷药流量与雾滴大小的变量喷头组成。整个机器控制系统根据来自喷头的视觉检测装置识别与跟踪施药靶标对象,将所检测信息输入计算机系统,然后经过运算处理后发出控制信号,从而控制药液电磁阀开启。智能程度高的施药机器人还可依据检测靶标的病虫程度有效地调节药液电磁阀的开启量,以达到按需供给的目的。

5. 机器行走系统

机器行走系统由发动机、机身、车轮等组成,精确喷雾施药工业机器人如图 7-10 所示。

图 7-10 精确喷雾施药工业机器人

7.3.2 工作原理

精确喷雾施药机器人的工作原理是:喷雾系统中的风机驱动轴通过同轴离合器

与发动机动力输出轴直接连接,发动机自带的发电装置对蓄电池充电并用以驱动液压泵正常转动。来自视觉系统与检测系统的信号经过计算机数据处理后,动态控制喷头对靶装置、药液调节装置及喷射压力装置,保证作业过程中有效满足"有的放矢"与"按需供给"的工程作业实际要求。同时,由风机产生的强大气流经螺旋起涡器二次雾化后,形成细小雾滴再被强大的高速高压气流送向防治目标。

7.3.3 设计模块

车载自动喷雾机集机械、电子、气动、液压、信号处理、数控技术及机器视觉技术于一体,其系统结构的成功开发涉及多个技术领域的相互协同工作,为能高效并成功地设计这样的设备系统,必须遵循一定的设计方法和规则,否则,将很难开发出具有高性能、高实效的结构系统。机电设备系统的模块化设计与常规意义上的机械模块化设计本质上是相同的,二者都是通过相对独立功能模块之间的组合来实现系统的整体功能。但是,纯机械模块的组合一般通过机械刚性连接,如螺栓、螺母等,由彼此之间的几何相关条件来保证功能的组合与实现。而车载自动超低容量喷雾机的自动功能系统中不同模块之间,主要靠电气接口连接来实现模块之间的信息交换,继而完成相关的预定控制任务。因此,在进行自动功能系统模块化划分和设计时,为了保证模块间的正常工作,提高系统的可靠性能,必须遵循如下准则:

(1) 模块功能应相对集中而独立;
(2) 模块间连接方式及信息交换简单且可靠;
(3) 模块组合应有较大的灵活性和良好的经济性。

在上述指导原则的基础上,针对车载式自动超低容量喷雾机层次鲜明的特点,将其功能需求分为七个结构单元模块进行设计,如图 7-11 所示,其中的识别模块、对靶模块与控制模块是本文研究的关键技术部分。

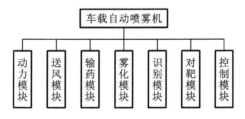

图 7-11 车载自动喷雾机组成单元

随着精确施药技术的发展,喷雾机器人已成为典型机电一体化设备。

7.4 步进电动机单片机控制

步进电动机可将脉冲信号转换成角位移,且可用作电磁制动轮、电磁差分器、角位移发生器等。

若将一些从旧设备上拆下的步进电动机(这种电动机一般没有损坏)改作他用,一般需自己设计驱动器。以下介绍的就是为一台从日本产旧式打印机上拆下的步进电动机而设计的驱动器。

下面先介绍该步进电动机的工作原理,然后介绍其驱动器的软、硬件设计。

7.4.1 步进电动机的工作原理

该步进电动机为四相步进电动机,采用单极性直流电源供电。只要对步进电动机的各相绕组按合适的时序通电,就能使步进电动机步进转动。图 7-12 所示为该四相反应式步进电动机工作原理示意图。

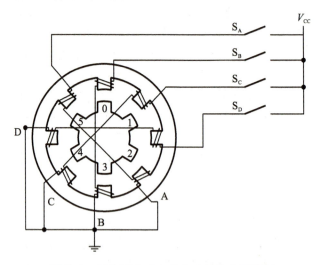

图 7-12 四相反应式步进电动机步进示意图

开始时,开关 S_B 接通电源,S_A、S_C、S_D 断开,B 相磁极和转子 0、3 号齿对齐,同时,转子的 1、4 号齿就和 C、D 相绕组磁极产生错齿,2、5 号齿就和 D、A 相绕组磁极产生错齿。

当开关 S_C 接通电源,S_B、S_A、S_D 断开时,由于 C 相绕组的磁力线和 1、4 号齿之间磁力线的作用,使转子转动,1、4 号齿和 C 相绕组的磁极对齐。而 0、3 号齿和 A、B 相绕组产生错齿,2、5 号齿就和 A、D 相绕组磁极产生错齿。依此类推,A、B、C、D 四相绕组轮流供电,则转子会沿着 A→B→C→D 方向转动。

四相步进电动机按照通电顺序的不同,可分为单四拍、双四拍、八拍三种工作方式。单四拍与双四拍的步距角相等,但单四拍的转动力矩小。八拍工作方式的步距角是单四拍与双四拍的一半,因此,八拍工作方式既可以保持较高的转动力矩,又可以提高控制精度。

单四拍、双四拍与八拍工作方式的电源通电时序与波形如图 7-13 所示。

第7章 机电一体化系统设计应用实例

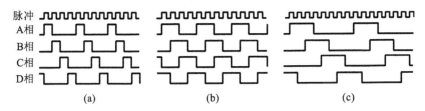

图 7-13 步进电动机工作时序波形图
(a)单四拍；(b)双四拍；(c)八拍

7.4.2 基于 AT89C2051 步进电动机驱动器系统电路原理

AT89C2051 步进电动机驱动器将控制脉冲从 P1 口的 P1.4~P1.7 输出，经 74LS14 反相后进入 9014，经 9014 放大后控制光电开关，光电隔离后，由功率管 TIP122 将脉冲信号进行放大，驱动步进电动机的各相绕组。使步进电动机随着不同的脉冲信号分别作正转、反转、加速、减速和停止等动作。图 7-14 中 L_1 为步进电动机的一相绕组。AT89C2051 选用频率 22 MHz 的晶振，选用较高晶振的目的是为了在方式 2 下尽量减小 AT89C2051 对上位机脉冲信号周期的影响。

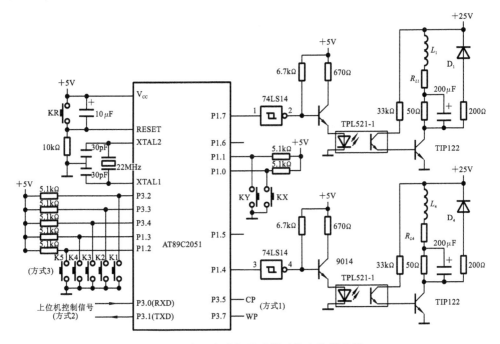

图 7-14 步进电动机驱动器系统电路原理图

图 7-14 中的 R_{L1}~R_{L4} 为绕组内阻，50 Ω 电阻是一外接电阻，起限流作用，也是一个改善回路时间常数的元件。D_1~D_4 为续流二极管，使电动机绕组产生的反电动

势通过续流二极管($D_1 \sim D_4$)而衰减掉,从而保护功率管 TIP122 不被损坏。

在 50 Ω 外接电阻上并联一个 200 μF 电容,可以改善注入步进电动机绕组的电流脉冲前沿,提高步进电动机的高频性能。与续流二极管串联的 200 Ω 电阻可减小回路的放电时间常数,使绕组中电流脉冲的后沿变陡,电流下降时间变小,也起到提高电动机高频工作性能的作用。

7.4.3 软件设计

该驱动器根据拨码开关 KX、KY 的不同组合有三种工作方式可供选择。

方式 1 为中断方式:P3.5(INT1)为步进脉冲输入端,P3.7 为正反转脉冲输入端。上位机(PC 机或单片机)与驱动器仅以两条线相连,其程序框图如图 7-15 所示。

方式 2 为串行通信方式:上位机(PC 机或单片机)将控制命令发送给驱动器,驱动器根据控制命令自行完成有关控制过程。

方式 3 为拨码开关控制方式:通过 K1~K5 的不同组合,直接控制步进电动机。

当上电或按下复位键 KR 后,AT89C2051 先检测拨码开关 KX、KY 状态,根据 KX、KY 不同组合,进入不同的工作方式。以下给出方式 1 程序流程框图与源程序。

在程序的编制中,要特别注意步进电动机在换向时的处理。为使步进电动机在换向时能平滑过渡,不至于产生错步,应在每一步中设置标志位。其中 20H 单元的各位为步进电动机正转标志位;21H 单元各位为反转标志位。在正转时,不仅给正转标志位赋值,也同时给反转标志位赋值;在反转时也如此。这样,当步进电动机换向时,就可用上一次的位置作为起点反向运动,避免电动机换向时产生错步。

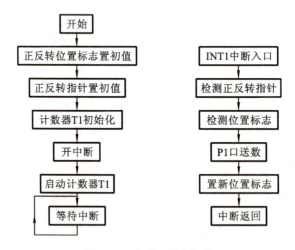

图 7-15 方式 1 程序框图

方式1的源程序如下。

```
        MOV   20H,#00H;    20H单元置初值,电动机正转位置指针
        MOV   21H,#00H;    21H单元置初值,电动机反转位置指针
        MOV   P1,#0C0H;    P1口置初值,防止电动机上电短路
        MOV   TMOD,#60H;   T1计数器置初值,开中断
        MOV   TL1,#0FFH
        MOV   TH1,#0FFH
        SETB  ET1
        SETB  EA
        SETB  TR1
        SJMP$
        ;*********** 计数器1中断程序 ************
    IT1P:JB   P3.7,FAN;    电动机正、反转指针
        ;*********** 电动机正转 ****************
        JB    00H,LOOP0
        JB    01H,LOOP1
        JB    02H,LOOP2
        JB    03H,LOOP3
        JB    04H,LOOP4
        JB    05H,LOOP5
        JB    06H,LOOP6
        JB    07H,LOOP7
        LOOP0:MOV   P1,#0D0H
        MOV   20H,#02H
        MOV   21H,#40H
        AJMP  QUIT
        LOOP1:MOV   P1,#090H
        MOV   20H,#04H
        MOV   21H,#20H
        AJMP  QUIT
        LOOP2:MOV   P1,#0B0H
        MOV   20H,#08H
        MOV   21H,#10H
        AJMP  QUIT
        LOOP3:MOV   P1,#030H
        MOV 20H,#10H
        MOV 21H,#08H
        AJMP QUIT
```

```
        LOOP4:MOV   P1,#070H
        MOV   20H,#20H
        MOV   21H,#04H
        AJMP   QUIT
        LOOP5:MOV   P1,#060H
        MOV   20H,#40H
        MOV   21H,#02H
        AJMP   QUIT
        LOOP6:MOV   P1,#0E0H
        MOV   20H,#80H
        MOV   21H,#01H
        AJMP   QUIT
        LOOP7:MOV   P1,#0C0H
        MOV;20H,#01H
        MOV   21H,#80H
        AJMP   QUIT
;*************** 电动机反转 *****************
        FAN:JB   08H,LOOQ0
        JB   09H,LOOQ1
        JB   0AH,LOOQ2
        JB   0BH,LOOQ3
        JB   0CH,LOOQ4
        JB   0DH,LOOQ5
        JB   0EH,LOOQ6
        JB   0FH,LOOQ7
        LOOQ0:MOV   P1,#0A0H
        MOV   21H,#02H
        MOV   20H,#40H
        AJMP   QUIT
        LOOQ1:MOV   P1,#0E0H
        MOV   21H,#04H
        MOV   20H,#20H
        AJMP   QUIT
        LOOQ2:MOV P1,#0C0H
        MOV   21H,#08H
        MOV   20H,#10H
        AJMP   QUIT
        LOOQ3:MOV P1,#0D0H
```

```
        MOV  21H,#10H
        MOV  20H,#08H
        AJMP  QUIT
LOOQ4:MOV P1,#050H
        MOV 21H,#20H
        MOV 20H,#04H
        AJMP QUIT
LOOQ5:MOV P1,#070H
        MOV 21H,#40H
        MOV 20H,#02H
        AJMP QUIT
LOOQ6:MOV P1,#030H
        MOV 21H,#80H
        MOV 20H,#01H
        AJMP QUIT
LOOQ7:MOV  P1,#0B0H
        MOV 21H,#01H
        MOV 20H,#80H
QUIT:RETI
        END
```

该驱动器经实验验证能驱动 0.5 N·m 的步进电动机。将驱动部分的电阻、电容及续流二极管的有关参数加以调整,可驱动 1.2 N·m 的步进电动机。该驱动器电路简单可靠,结构紧凑,对于 I/O 端口与单片机资源紧张的系统来说特别适用。

7.5 基于单片机的流水灯控制

7.5.1 基本功能

利用 AT89C51 作为主控器组成一个 LED 流水灯控制系统,实现 8 个 LED 灯的左、右循环显示。

7.5.2 硬件设计

AT89C51 总设计图如图 7-16 所示。

7.5.3 硬件最小系统

1. AT89C51 的引脚功能

XTAL1:系统时钟的反向放大器输入端。

XTAL2:系统时钟的反向放大器输出端。一般在设计上只要在 XTAL1 和

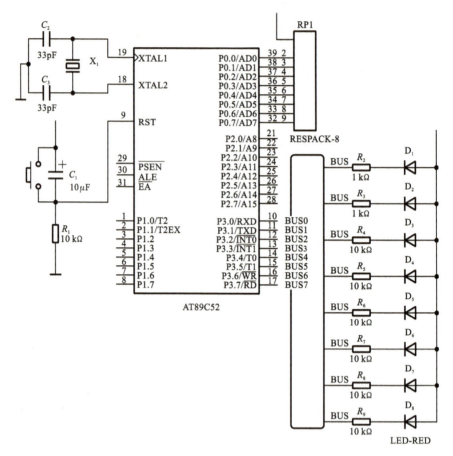

图 7-16 AT89C51 总设计图

XTAL2 上接一只石英晶体振荡系统就可以工作了,此外可以在两引脚与地之间加入 20 pF 的小电容,可以使系统更稳定,避免噪声干扰而死机。

RESET:重置引脚,高电平动作,当要对晶体重置时,只要将此引脚电平提升至高电平并保持两个或两个以上周期的时间便能完成系统重置的各项动作,使得内部特殊功能寄存器内容均被设成已知状态。

P3:端口 3 是具有内部提升电路的双向 I/O 端口,通过控制各个端口的高低电平来实现 LED 流水灯的控制。

2. 复位电路

如图 7-17 所示,按下按键,就能完成整个系统的复位,使得程序重新运行。

3. 时钟电路

时钟电路用于产生单片机工作所需要的时钟信号,单片机本身就是一个复杂的同步时序电路,为了保证同步工作方式的实现,电路应在唯一的时钟信号控制下严格地按时序进行工作。

如图 7-18 所示,在 AT89C51 芯片内部有一个高增益反相放大器,其输入端为芯片引脚 XTAL1,输出端为引脚 XTAL2,在芯片的外部跨接晶体振荡器和微调电容,形成反馈电路,就构成了一个稳定的自激振荡器。此电路采用 12 MHz 的石英晶体振荡器。

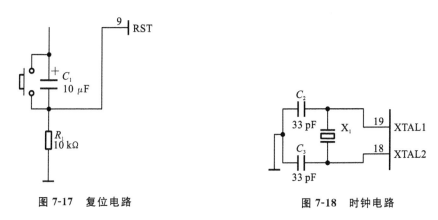

图 7-17　复位电路　　　　　图 7-18　时钟电路

4. 流水灯部分

流水灯 LED 电路如图 7-19 所示。

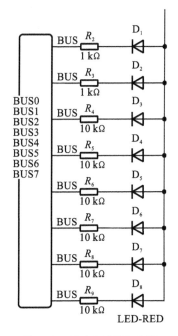

图 7-19　流水灯 LED 电路

7.5.4 软件设计

1. 编程语言及编程软件的选择

本设计选择 C 语言作为编程语言。C 语言虽然执行效率没有汇编语言高,但 C 语言简洁,使用方便、灵活,运算丰富,表达类型多样化,数据结构类型丰富,具有结构化的控制语句,程序设计自由度大,有很好的可重用性、可移植性等特点。而汇编语言使用起来并没有这么方便。

本设计选用 Keil 作为编程软件,Keil C51 生成目标代码的效率非常高,多数语句生成的汇编代码很紧凑,容易理解。在开发大型软件时更能体现高级语言的优势。

2. LED 灯的显示

LED 灯在低电平,即 I/O 端口置"0"时会亮,相反就灭。此设计就是通过程序来控制 I/O 端口的电平变化来实现流水灯左右循环闪烁。

流水灯控制程序如下。

```c
#include< reg52.h>
#include<intrins.h>
#define uint unsigned int
#define uchar unsigned char
#define kou P3
uchar code dp1[]={0xfe,0xfd,0xfb,0xf7,0xef,0xdf,0xbf,0x7f};
uchar code dp2[]={0x80,0x40,0x20};
 void delayms(uint z                //延时函数
{
uint i,j;
for(i=z;i> 0;i--)
    for(j=110;j> 0;j--);
}
void main()
{
int i;
for(i=0;i<8;i++)
{
    kou=dp1[i];
    delayms(500);
}
for(i=0;i<7;i++)
{
    kou=dp1[i]+0x80;
    delayms(500);
```

```
}
for(i=0;i<6;i++)
{
    kou=dp1[i]+0x40;
    delayms(500);
}
for(i=0;i<5;i++)
{
    kou=dp1[i]+0x20;
    delayms(500);
}
for(i=0;i<4;i++)
{
    kou=dp1[i]+0x10;
    delayms(500);
}
for(i=0;i<3;i++)
{
    kou=dp1[i]+0x08;
    delayms(500);
}
for(i=0;i<2;i++)
{
    kou=dp1[i]+0x04;
    delayms(500);
}
for(i=0;i<1;i++)
{
    kou=dp1[i]+0x02;
  delayms(500);
}
for(i=0;i<3;i++)
{
    kou=0x00;
    delayms(500);
    kou=0xff;
    delayms(500);
}
}
```

7.6 空气压缩机变频控制系统

7.6.1 技术要求

根据工程实际需求,压缩机技术文件和技术方案要求如下。

(1) 对三台额定排气量为 20 m^3/min 的压缩机进行变频调速控制。

(2) 根据工作负荷启动一至三台压缩机。

(3) 自动检测输出压力,自动调速。

(4) 远程监控:可以从操作台远程启停压缩机,通过触摸屏监控压缩机的压力、负荷、温度、转速等工况。

7.6.2 变频控制系统方案设计

(1) 选用 BPJ1-110/380 变频器一台(一拖三配置)。额定功率为 110 kW,额定电压为 380 V;变频器控制面板上能够显示变频器的运行数据,如电压、电流、频率等;变频器有完善的保护功能,具有过流、过压、欠压、短路、过载保护等及 IGBT 自身的保护。

(2) 配置一台 KXJ1-220 PLC 控制箱,可以对系统保护和工况进行显示。配置防爆压力传感器,将空气压缩机的压力转换为 4~20 mA 的信号,通过 PLC 编程和数据采集,实现对泵站系统压力、磁力启动器启停状态的采集和控制。PLC 具有 RS-485 接口,可以实现对系统数据上传的要求。

(3) 配置一台 TH1-24 矿用本质安全型操作台(矿用本安型操作台),配置 10″显示屏,从操作台远程监控压缩机的工况,可以根据工艺要求设置控制参数。

(4) 如果系统要求配置电度计量,可以在变频器的前级增加 DSB-400/380 电度表箱。

(5) 具体控制工艺可以根据用户要求通过 PLC 编程进行实现。

7.6.3 系统电路图及控制方式

如图 7-20 所示,以三台压缩机恒压控制为例,即一拖三变频器控制。

1. 控制参数设置

(1) 压缩机选择 压缩机有一号、二号、三号,选择二号为主压缩机。

(2) 压缩机循环顺序选择 循环顺序有主压缩机向后、主压缩机向前,选择主压缩机向前。

(3) 压缩机变频工作选择 变频工作有 4 h、8 h、12 h、18 h、24 h,选择 8 h。

(4) 变频器运行最高频率选择 运行最高频率有 45 Hz、50 Hz、53 Hz,选择 50 Hz。

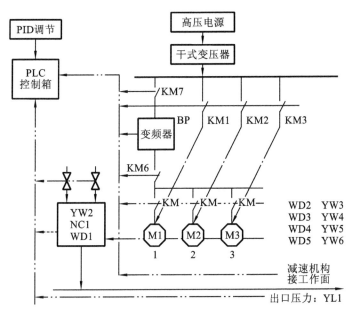

图 7-20 变频自动化控制系统示意图

(5) 变频器运行最低频率选择　运行最低频率有 5 Hz、20 Hz、25 Hz,选择 20 Hz。

(6) 变频器工作上限频率运行时功能选择　功能有工频切换、直接启动,选择工频切换。

(7) 变频器工作下限频率运行时功能选择　功能有工频切换、工频不切换,选择工频切换。

(8) 工作方式选择　工作方式有自动、手动、检修,选择自动。

(9) PID 调节选择　PID 调节有出口压力信号、远方压力信号和流量信号。选则原则是压力为主、流量为辅,而压力信号则以远方为主、出口为辅。

(10) 系统压力设置　压力设置范围为 20～35 MPa,设置为 31 MPa。

(11) 油位设置(可设置多点)　根据现场情况设置。

(12) 温度设置(可设置多点)　根据现场情况设置。

2. 控制工作原理

本系统工作方式有自动、手动、检修三种工作方式。

控制参数设置完成后,按下启动按钮,变频器驱动 2 号(因为选择 2 号为主运行)开始运转,此时出口压力传感器 YL1 也产生压力信号,信号反馈到 PLC 控制箱,假设反馈 18 mA 信号对应工作压力为 31 MPa,那么 PLC 控制箱通过 PID 调节计算处理并控制变频器及电动机工作频率(速度)为 45Hz,达到了压力要求。

当现场使用时,压力会迅速下降,反馈信号变小,PLC 处理器立即响应,控制变频器加速,提高现场压力。当变频器加速到 50 Hz 仍不能达到工作压力 31 MPa 时,PLC 控制箱立即启动工变频切换程序,BP 停止,KM6 断开,同时 KM2 启动,压缩机 2 工频运行,整个过程小于 500 ms;KM7 吸合,BP 再次启动泵 3,这样压缩机 2 工频运行＋压缩机 3 变频运行达到压力要求。如果压力还在下降,压缩机 2 工频运行＋压缩机 3 工频运行,直到满足压力为止。当现场压力过大时,PID 调节启动,PLC 控制箱控制变频器下调速度。若下限频率还不能满足压力设定值,则启动工频切换程序,使压缩机 2、压缩机 3 停止运行,直到满足压力要求。最终达到恒压供液的目的。

当主控压缩机 2 变频工作 8 小时后,可以自动切换为辅助泵,压缩机 3 成为主控压缩机并且变频运行,避免单泵长期变频运行。

7.6.4 系统设备配置清单

系统设备配置清单如表 7-1 所示。

表 7-1 系统设备配置清单

序 号	设备名称	规格型号	数 量	备 注
1	变频器	BPJ1-110/380	1	一拖三
2	PLC 控制箱	KXJ1-220	1	
3	矿用本安型操作台	TH1-24	1	带 10"屏
4	四通接线盒	200A	2	
5	压力传感器	TY801AG11E1IM4	2	
6	控制电缆	MHYV2×2×0.5	150 m	

(1) BPJ1-110/380 变频器柜安装尺寸:高度 2 000 mm、宽度 800 mm、厚度 600 mm。

(2) KXJ1-220 PLC 控制柜安装尺寸:高度 2 000 mm、宽度 800 mm、厚度 600 mm。

(3) TH1-24 矿用本安型操作台安装尺寸:高度 850 mm、宽度 900 mm、厚度 1000 mm。

7.6.5 控制系统数据采集功能

对空气压缩机组的数据采集是完成机组监控和保护任务的前提,采集的数据必须能全面反映机组运行状态,同时在关键部位和影响设备运行安全的位置设置专用传感器,需要采集的数据如下:

(1) 电动机过载;

(2) 电动机相序错;

(3) 电动机的电流和功率;

(4) 电动机温度和轴承温度;
(5) 风包压力和温度;
(6) 进气过滤器堵塞;
(7) 润滑油压力和温度;
(8) 油过滤器堵塞;
(9) 油精分器堵塞;
(10) 冷却水流量和温度;
(11) 油位低;
(12) 水位低。

7.6.6 控制系统的监控和保护功能

控制系统的工作方式分为就地方式和集控方式,在机组操作面板上设有工作方式转换开关。当机组出现故障时,不论机组处在何种工作方式都能从控制站或机组操作面板紧急停止机组运行。这部分的软件模块主要完成以下功能:

(1) 处理操纵指令;
(2) 检查机组的启动条件,当条件满足时允许启动;
(3) 完成启动过程,从启动电动机到输出恒定压力的气流,在正常工作状态,控制风门的启闭,使机组在加载或卸载状态之间转换;
(4) 监测机组运行中的各项参数,在某项参数达到警戒值时报警,达到危险值时停止机组工作,并记录故障停机时的状态参数;
(5) 通过触摸屏完成各项参数的输出,这些参数主要是保护相关参数和工艺过程相关参数。

思 考 题

7-1 什么是变频器?
7-2 机电一体化系统设计整体方案有哪些?
7-3 什么叫三相电源?什么叫单相电源?
7-4 说明单四拍、双四拍、八拍三种工作方式。
7-5 三相异步电动机的实际转速与同步转速是一致的吗?为什么?
7-6 基于 AT89C2051 单片机步进电动机驱动器系统的原理是什么?
7-7 通过芯片控制变换 LED 所组成的流水灯能否转变为瀑布情景?
7-8 结合本章实例具体说明变频空调的压缩机的控制工作原理。
7-9 本章所讲述的实例是否分别采用 PLC 和单片机都可以实现?

参 考 文 献

[1] 张健民,等.机电一体化系统设计[M].北京:北京理工大学出版社,1996.
[2] 赵松年,李恩光,裴仁清.机电一体化系统设计[M].北京:机械工业出版社,2004.
[3] 邹慧君,廖武.机电一体化系统概念设计的基本原理[J].机械设计与研究,1999(3):14-17.
[4] 杨黎明.机电一体化系统设计手册[M].北京:国防工业出版社,1997.
[5] 芮延年.机电一体化系统设计[J].2004.
[6] 姜培刚,盖玉先,战卫侠.机电一体化系统设计[M].北京:机械工业出版社,2003.
[7] 陆元章.现代机械设备设计手册:机电系统与控制[M].北京:机械工业出版社,1996.
[8] 邹慧君,张青.机电一体化系统概念设计过程模型的研究[J].机械设计与研究,2002,18(5):11-13.
[9] 殷际英,林宋,方建军.光机电一体化实用技术[M].北京:化学工业出版社,2003.
[10] 王茁,李颖卓,张波.机电一体化系统设计[M].北京:化学工业出版社,2005.
[11] 高钟毓.机电一体化系统设计[M].北京:机械工业出版社,2000.
[12] 冯正进.机电一体化技术进展[J].工业工程,2000,3(1):1-4.
[13] 李瑞琴,邹慧君.机电一体化产品概念设计理论研究现状与发展展望[J].机械设计与研究,2003,19(3):10-13.
[14] 王幸之,钟爱琴,王雷,等.AT89系列单片机原理与接口技术[M].北京:北京航空航天大学出版社,2004.
[15] 梅丽凤,王艳秋,汪毓铎,等.单片机原理及接口技术[M].北京:清华大学出版社,2004.
[16] 肖金球.单片机原理与接口技术[M].北京:清华大学出版社,2004.
[17] 魏立峰,王宝兴.单片机原理与应用技术[M].北京:北京大学出版社,2006.
[18] 黄贤武,郑筱霞.传感器原理与应用[M].成都:电子科技大学出版社,1999.
[19] 鲁远栋.PLC机电控制系统应用设计技术[M].北京:电子工业出版社,2006.
[20] 舒志兵.交流伺服运动控制系统[M].北京:清华大学出版社,2006.
[21] 黄建新,刘建群,旷辉,等.触摸屏与PLC组成的伺服电机控制系统[J].仪表技术与传感器,2005(002):44-45.
[22] 钟肇新,范建东,冯太合.可编程控制器原理及应用[M].广州:华南理工大学出版社,2008.
[23] 高钦和.可编程控制器应用技术与设计实例[M].北京:人民邮电出版社,2004.
[24] 吴中俊,黄永红.可编程序控制器原理及应用[M].北京:机械工业出版社,2004.